HCDライブラリー 第5巻

人間中心設計におけるユーザー調査

著

黒須正明
橋爪絢子

編

黒須正明
松原幸行
八木大彦
山崎和彦

近代科学社

「HCD ライブラリー」刊行にあたって

　人間中心設計（HCD）を広く社会へ普及させるために、人間中心設計推進機構（HCD-Net）と近代科学社で「HCDライブラリー」という、人間中心設計（HCD）を学ぶためのシリーズを企画いたしました。

　人間中心設計（HCD）とは、利用者の特性や利用実態を的確に把握し、開発関係者が共有できる要求事項の下、ユーザビリティ評価と連動した設計をすることで、より有効で使いやすい、満足度の高い商品やサービスを提供する一連の活動プロセスです。最近では、商品そのものに限らず、商品を利用するための仕組みや付加価値の提供などを通じたユーザー体験（エクスペリエンス）の全体を対象としています。ユーザエクスペリエンスデザイン（UXD）という言葉も広く使われるようになっていますが、人間中心設計とユーザエクスペリエンスデザインは、とても近い概念です。

　「HCDライブラリー」は、現在、企業で人間中心設計（HCD）を導入しようと検討している経営者、企画者、技術者やデザイナーにとって必須となるものです。また、人間中心設計（HCD）を学ぶ学生たちにとっては、教科書のような存在ともなります。したがいまして、これらは、セミナーや授業、研修会などにも活用していただくとともに、自習書として一人で学ぶ人にも好適です。

　このシリーズは黒須正明氏、松原幸行氏、八木大彦氏と山崎和彦の4名が企画編集を担当しています。これまで第0巻『人間中心設計入門』、第1巻『人間中心設計の基礎』、第2巻『人間中心設計の海外事例』、第3巻『人間中心設計の国内事例』、第7巻『人間中心設計の評価』と刊行し、本刊の第5巻『人間中心設計におけるユーザー調査』で6冊目になります。今後も順次HCD関連の書籍を追加していく予定です。

　各巻は、多くの著者と編集者とともに、これを支えるHCD-Netの関係者、近代科学社の関係者の協力によって制作しております。ご協力していただいている皆様に深く感謝いたします。

編集者を代表して、山崎和彦

2021年10月

■特定非営利活動法人 人間中心設計推進機構（HCD-Net）とは

　HCD-Netは、HCDの普及・啓蒙のため、HCDの技術や手法を研究・開発し、様々な知識や方法を適切に提供することで、多くの人々が快適に暮らせる社会づくりを目指す団体です。2005年の設立以来、拡大を続け、現在では企業や大学を中心に多くの正会員と賛助会員が在籍しています。

　HCD-Netでは、フォーラム、サロン、講習会、研究発表会など様々なイベントを行い、会員にはニュースレターを送付し、雑誌『人間中心設計』を刊行するとともに、人間中心設計専門家の認定制度を運用しており、HCDに関して多面的な活動を行っている。最新情報については、ぜひhttps://www.hcdnet.org/にアクセスしてみていただきたい。

はじめに

　本書は、人間中心設計（HCD: Human Centered Design）という立場から、ユーザーのニーズに適合した製品やサービスを市場に提供するためには、まずどのようにしてユーザーのことを知るのがいいのか、その調査方法を説明したものである。ユーザーの実態を知らないまま、デザイナーやエンジニアが自分で勝手に思い込んだユーザイメージをもとにして、製品やサービスを設計して市場に提供したとしても、ユーザーはそれに興味を持つ可能性は低いだろう。また、それを使ってどんなことができるかを考えたり、あんなことをしてみたいといった期待感を持ったりすることもなく、結局のところ、それを手に入れようという気持ちを持ってくれないかもしれない。

　技術中心設計が主流だった20世紀までは、新たに開発された技術を使って新製品を作るというアプローチが主流だった。その頃は、市場にはユーザーのニーズを満たす人工物（製品、サービス、システム）がまだ十分に出回っておらず、ユーザー調査を行わずに開発された新しい人工物でも、かなりの確率で消費者やユーザーに受け入れられた。しかし、市場に多様な人工物があふれるようになった21世紀になると、まぐれあたりをすることはあっても、きちんとユーザーのニーズを捉えずに開発された人工物は、ユーザーに受け入れられる確率が低くなった。このことがユーザー調査の重要性と必要性を認識させることにつながった。

　ユーザーを知るには、市場動向を知るというマクロなアプローチと、個別ユーザーの実態を知るというミクロなアプローチがある。前者はマーケット調査であり、後者がユーザー調査である。両者はともに重要な取り組みであり、マーケット調査は大きな開発方向を決めるために、またユーザー調査は具体的な製品やサービスをデザインするために必要なものである。つまり、個別の人工物を設計するためには、ユーザー調査を重視する人間中心設計のアプローチが重視されなければならないのである。

　ユーザー調査には、アンケート調査のような定量的アプローチと、インタビューや観察のような定性的アプローチがあるが、近年注目されているのは後者であり、HCDの立場から重視すべきなのもそれである。本書は定性的アプローチ、ないし質的アプローチについて焦点をあてたものである。

　近年、定性的アプローチを用いたユーザー調査に関する本はいくつか出版されているが、学術的側面と実践的側面との両方をカバーしたものはほぼ見当たらない。特に本書が類書と異なるのは、各手法の具体的なやり方を、共通のインタビュー事例をもとにして具体的に説明している点にある。本書の構成は次のようになっている。

第1章　ユーザー調査とは‥理論的背景やその目的
第2章　ユーザー調査の手法‥データ取得のための数々の手法
第3章　ユーザー調査の実施‥インタビュー調査を実際に行う上での注意事項
第4章　ユーザー要求の分析と解釈‥データ分析・解釈のための数々の手法
第5章　事例から学ぶユーザー調査の実践‥インタビューログ全体を提示し、
　　　　3種の手法（親和図法、SCAT、ワークモデル/エクスペリエンスモデル）で分析

特に第5章は、第4章で説明した分析手法のなかから三つを選んで、実際のインタビューデータ（対話ログ）をもとにして適用してみせている。このことにより、読者は三つの手法のそれぞれについて、どのように具体的に実践していけばいいかが理解できるとともに、その良し悪しを比較することができるだろう。

　本書は、『人間中心設計ライブラリー』の第5巻であるが、第6巻はデザイン、第7巻は評価についてまとめてあり、この3冊で設計プロセスを詳説する形になっている。これらの3冊の関係を、スタンフォード大学のデザイン思考の図を利用させてもらえば、次の図のようになる。
　この図の最初にある「共感する」と「定義する」の前半を明らかにするのがこの第5巻、そして「定義する」の後半から「考える」と「プロトタイプを作る」を第6巻、次の「評価」の部分を第7巻で説明していく形になっている。なお、これら全体をまとめ、さらに理論的な肉付けをしたのが本ライブラリーの第0巻と第1巻ということになる。ただし、刊行時期のずれがあるため、第5巻、第6巻、第7巻の方が新しい情報を含んだ内容になっている。

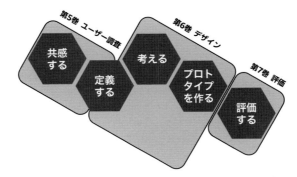

図　各巻の位置づけ（実践 スタンフォード式 デザイン思考世界一クリエイティブな問題解決（できるビジネスシリーズ）、ジャスパー・ウ（著）、見崎大悟（監修）、加筆）

2021年8月

黒須 正明、橋爪 絢子

目次

「HCD ライブラリー」刊行にあたって ……………………………………………………………… i

はじめに ……………………………………………………………………………………………… ii

第1章 ユーザー調査とは 1

1.1 HCDプロセスとユーザー調査 2
1.1.1 開発の上流工程とユーザー調査 ……………………………………………… 2
1.1.2 ISOやJISで規定されているHCDの活動 ………………………………… 4
1.1.3 ユーザーとは ……………………………………………………………………… 7
1.1.4 利用状況とユーザー要求事項の考え方 ……………………………………… 11

1.2 ユーザー調査の目的 14
1.2.1 デザインへつなげるためのユーザー要求事項の明示 …………………… 14
1.2.2 ユーザー調査で明らかにする内容 …………………………………………… 16
1.2.3 ユーザー調査のポイント ………………………………………………………… 18

1.3 ユーザー調査担当者のコンピタンス 19
1.3.1 調査目的からRQを作成する段階 …………………………………………… 19
1.3.2 インフォーマントをリクルートする段階 …………………………………… 20
1.3.3 ユーザー調査の準備の段階 …………………………………………………… 20
1.3.4 ユーザー調査の導入の段階 …………………………………………………… 20
1.3.5 ユーザー調査の実施の段階 …………………………………………………… 21
1.3.6 ユーザー調査を終える段階 …………………………………………………… 21
1.3.7 調査レポート作成の段階 ……………………………………………………… 21

第2章 ユーザー調査の手法 23

2.1 調査のアプローチ 24
2.1.1 仮説探索型アプローチ、仮説生成型アプローチ、仮説検証型アプローチ … 24
2.1.2 定量的調査と定性的調査の特性の違い …………………………………… 25
2.1.3 混合法(mixed method) ……………………………………………………… 26
2.1.4 トライアンギュレーション(triangulation) ………………………………… 27

2.2 ユーザー調査における定性的手法 28
2.2.1 文脈における質問(contextual inquiry) …………………………………… 29
2.2.2 観察法 ……………………………………………………………………………… 31
2.2.3 個別インタビュー／デプスインタビュー(一般的+回顧的) …………… 34
2.2.4 グループインタビュー／フォーカスグループ …………………………… 39
2.2.5 経験想起法(ERM: Experience Recollection Method) ……………… 40
2.2.6 ダイアリー法 ……………………………………………………………………… 41

第1章

明確にできない場合もあるが、利用状況を作業文書として作成しておき、プロセスを経ながら改訂を重ねてすべての項目を満たすように詳細を記述していく。

a. ユーザーとその他のステークホルダ：対象の人工物に対する需要を考慮して、直接利用が想定されるユーザーやユーザグループ、その他の利用に関係するステークホルダを明確にし、設計や開発をしようとする人工物とそのユーザーとの関係について、利用に際しての主な目標や、利用時の制約も含めて考える。

b. ユーザーまたはユーザグループの特性：ユーザーやユーザグループに関連する特性を明確にする。ユーザーの特性には、彼らの知識、技能、経験、教育、訓練、身体特性、習慣、嗜好、能力などが含まれる。必要に応じて、例えば、経験や体力の水準の違いなどで区切り、異なる種類のユーザーの特性を定義する必要がある。想定されるユーザーの障害も含めた多様な特性や能力も考慮して、アクセシビリティへも配慮した人工物の設計をすることが求められている。

c. ユーザーの目標とタスク：ユーザーの目標と人工物の主な利用目標を明確にし、ユーザーが行うタスクを明らかにする。その中から、ユーザビリティやアクセシビリティに影響するタスクの特性を明らかにする。単純に、人工物の機能や特徴の側面だけからタスクを考えるのではなく、ユーザーが対象の人工物を用いて典型的に行うことは何なのかや、それを行う頻度や時間、他の人工物の利用の仕方との関連性や同時に行う別の行動などを考慮して、ユーザーの目標と対象の人工物の利用目標、タスクを明確にする。また、対象の人工物の利用によって健康や安全の面で何らかの悪影響を与える可能性がある場合や、誤った操作をしてしまう可能性がある場合などにも、それらを明確にしておく必要がある。

d. システムの環境：ハードウェアやソフトウェアなどを含む技術的な環境を明確にし、関連する物理的、社会的・文化的な環境の特性も考慮する。物理的環境として、温度条件や照明、空間配置、什器のような要素、社会的・文化的な環境として、作業慣行や組織構造、作業態度のような要素を踏まえて利用状況を記述していく。

（2）ユーザー要求事項の明示

　ユーザー要求事項を明示するには、まず、ユーザー調査の結果の分析から、利用状況を考慮して、ユーザーやその他のステークホルダのニーズを特定していく。ユーザーのニーズの特定には、どのようにユーザーが目標を達成するかよりも、ユーザーが目標に達成することの必要性や利用状況によって生じ得るあらゆる制約を考慮する必要がある。ユーザーのニーズの適用条件を明確にした上で、ユーザー要求事項仕様書のなかに、設計のために想定した利用状況も含めた

ユーザー要求事項を記載する。ユーザー調査の結果から得られたユーザーのニーズを抽出し、ユーザー要求事項仕様書を作成する際には、次の項目を含めて記述する。

a.　想定される利用状況

b.　ユーザーニーズや利用状況から抽出する要求事項

c.　設計に関連する人間工学やユーザインタフェースに関する知識、規格や指針による要求事項

d.　特定の利用状況において測定可能なユーザビリティに関する要求事項や目的

e.　ユーザーに直接影響を及ぼす組織要求から抽出する要求事項

　ただし、ユーザー要求事項は多様であるため、ユーザー要求事項の間やその他のステークホルダの要求事項との間で齟齬が生じることがある。例えば、正確さに対する速さなどのように、ユーザー要求事項の間に生じるトレードオフは解決して設計することが望ましい。人工物の利用において、このようなトレードオフの問題が生じた理由や要因、その重要性を、後に理解が可能なように記述しておくことが望ましい。このようなトレードオフを解消する目的で、当初想定していた利用状況を見直したり、ユーザー調査を再度行ったりといった対応を要する場合がある。

(3)ユーザー要求事項にもとづく評価

　HCDでは、ユーザーの視点からの評価を行うが、その際、ユーザー要求事項が達成されたかどうかに基づいて提案しようとする設計解を評価する。また、設計や開発の早い段階では、ユーザー要求事項が満たされているか否かを判断する以外にも、ユーザーニーズに関する新たな情報を収集したり、設計解の長所や短所に関するフィードバックを得たりする目的でも、ユーザーの視点からの評価を行う場合がある。

1.2.2 ユーザー調査で明らかにする内容

　ユーザー調査において明らかにすべきことがらは、まずユーザーが対象の人工物を利用することによって達成したい目標は何なのかということである。また、それに対して現在どのような手段を用いているのか、どのような理由からその手段を用いているのか、あるいはその手段についてどの程度、積極的に受容をしているのかなどについても把握する必要がある。さらに、第三者的(客観的)に見て、それらの手段の適切さと問題点は何かということを整理することになる。以下に、それぞれ少し説明を加えておこう。

　なお、調査で得られた結果に対して、どのような方法で新しい人工物を提供するかを考えるこ

とは、第6巻で扱う範囲となる。

(1) ユーザーが達成したい目標 ―その様態と水準

　ユーザーが達成したい目標は、設計プロセスに入る前の企画の段階で、既に大括りには設定されているはずだ。それをやらないのであれば企画の意味がないため、少なくとも、掃除を行うための新しい製品なのか、新しい宅配サービスなのか、といった程度までは範囲が絞られていると言っていい。以下、掃除の場合を例にとって考えてみよう。

　掃除と範囲を狭めても、その目標達成の様態や達成水準、ニーズはユーザーによってさまざまである。もっと早く掃除を終えたい場合もあるだろうし、掃除をすると腰が痛くなることをなんとかしたい場合もあれば、拭き掃除を簡単にしたいという場合もある。目に見えるところが綺麗になれば満足な場合もあれば、隅から隅まで目に見えない場所も綺麗にしないと満足できない場合もあるだろう。こうした様態や水準のどこに焦点をあてれば良いかを明らかにするのがユーザー調査の最初の目標である。あるいは事前に予想していなかったニーズが、ユーザー調査によって明らかになる場合もあり、その重要性が理解される場合もあるだろう。これもユーザー調査の成果になり得る。

(2) 現在用いている手段は何か

　大抵の家には掃除機の一つくらいはあるだろう。それがどこの会社の製品でいつ頃購入したものか、どのような点が気に入っていて、どのような点に問題を感じているか、という情報は、ダイレクトに人工物のデザインに関係してくる。時には家事代行サービスという手段を使っていることもあるだろう。さらに、掃除の対象は、場所的にも、玄関前、庭、土間、廊下、階段、床、風呂などの水場、壁や天井、窓、照明器具や家具などと多様で、掃除機があったにせよ、それだけで済むものではない。箒や雑巾など、掃除機以外の人工物を利用していることもあるだろうし、汚れも埃だけとは限らない。乳幼児やペットの汚物の場合、食べ物や飲み物をこぼした場合、泥、木の葉、蜂蜜のようにベタベタしたもの等々、様々である。どういうタイミングで、どの程度熱心に作業を行うかも重要な情報である。また、単に汚れを除去するだけの場合から、ピカピカに磨き上げる場合のように、人によっては目標水準が異なることもあり得る。ユーザー調査では、こうした点についても明らかにしなければならない。

　また、現在用いている手段をなぜ利用しているのかという理由も、明らかにする必要がある。単に壊れていないのでもったいなくて捨てられないという理由もあるだろうし、パワーが大きいから気に入っているということもあるだろう。特に買い替える必要性を感じていない場合もあるだろうし、音がうるさくなってきたからそろそろ買い換えようと思っていた場合もあるだろう。ある

いは、体を動かすのが健康にいいからと昔ながらの箒と塵取りと雑巾を使っていることもあるだろう。ユーザーが語るそうした理由は、一般的に人工物として望ましい特性であることが多いので、開発しようとしている人工物の特性としても考慮することが有意義になるだろう。

　なお、現在用いている手段についてたずねる場合には、それをいつ頃、どのような理由から使い始めたかについても聞くべきである。さらに、それ以前に利用していた手段についての評価も併せて聞くことにより、そのユーザーがどのような側面を重視して、それまで使ってきた手段に換えて、現在用いている手段を選択したのかがわかるからである。

　予想されるよくある回答として、特に不便を感じていないからとか、まだ使えるからというものがあるだろう。しかし、何らかの理由で買い替えたいが、費用を考えて我慢している、といった場合もあるだろう。このように、現在利用している手段は、必ずしも強く積極的な理由から使われているのでなく、消極的な理由から使われていることもある。それを明らかにすることによって、ユーザーが抱える問題のレベルがわかってくる。

（3）客観的に見た適切さ

　単にユーザーの発言内容を鵜呑みにするのではなく、それとは別に、調査者が第三者的な視点から見た評価も必要になる。しかし調査者の考えが正しいという保証はない。ユーザーの発話の背後にはユーザーの特性や利用状況があることを忘れてはならない。調査者が考えた評価を確認することも必要になるが、あくまでもユーザーに対しては受容的な態度を崩さず、ユーザーに対して批判的になったり否定的になったりしてはいけない。さらに、ユーザーの心証を害すると、それ以降の調査に支障がでてしまうことが多い。

1.2.3 ユーザー調査のポイント

　ユーザー調査に続くデザインでは、どのような人工物を設計するかを考える。その前に行うユーザー調査では、新たな人工物の特性として、どのような側面が期待され、求められているのかを明らかにすることが必要である。もちろん、コストや技術などの限界もあるだろうが、ユーザー調査の段階では、そうした制約条件を重視することは、むしろバイアスになることが多い。コストや技術的な制約条件については、ユーザー調査の結果に基づき利用状況やユーザー要求事項を記述する段階、あるいはデザイン段階で徐々に具現化していく中で考慮していくものである。場合によれば、ユーザー調査の中で新たなコスト削減の方法が考案されるかもしれないし、技術的な制約と思っていたことについても解決の見通しが得られることもあるからだ。したがって、ユーザー調査の段階では、あくまでもユーザーが期待し、求めている特性を素直に深堀すべきだろう。

　　細かい制約条件についてはデザイン段階で考慮していくものとして、ユーザー調査の結果を分析する段階でも、どのような期待や要求があるのかをユーザーの意図に沿った形でまとめるべきである。

1.3 ユーザー調査担当者のコンピタンス

　　ユーザー調査を実施することは誰にとっても容易なことではない。言いかえれば、ユーザー調査担当者は、特定の能力や適性、すなわちコンピタンスを持っていることが必要である。ここでは、そのコンピタンスについて、各作業段階について簡単に触れておきたい。

　　ユーザー調査の実施や指導経験が豊富な有識者に対して筆者が聞き取り調査を行った結果、ユーザー調査の担当者において最も重要なコンピタンスは、「認知的な多重処理」であるという点で意見の一致が得られた。ユーザー調査の実施場面では、例えば、インフォーマントの話を聞きながら理解し、発話内容を要約して頭の中でモデル化を行ったり、以前の回答を想起しながらリサーチクエスチョン（RQ）との整合性を確認して次の質問を準備したり、全体の進捗を行ったりなど、ユーザー調査担当者の頭の中では複数の心的作業を同時に実行する必要があり、こうした認知的な多重処理の能力が最も重要なコンピタンスであると考えられる。

　　また、ユーザー調査を実施するためのコンピタンスの習得には、長い実査経験を要する面もあるが、単純な学習や経験の蓄積のみでは習得できない資質ともいうべきコンピタンスも存在している。コンピタンスのなかには、学習や経験の積み重ねによって獲得できるものと、どうも生得的に決定されてしまっているように考えられるものとがある。前者は、担当者に適切な教育や訓練の機会を与えることで育成することができるが、後者は、関連する心理検査（知能検査など）を適用したり、人事担当者の視点から見た適合度合いの判断にもとづいて人材を選抜したりすることになる。運用する際の順序としてはその逆で、まず選抜を行って適切な候補人材を選り抜き、それからその人達に適切な教育を施すということになるだろう。ただ、規模の小さな組織の場合には、選抜で候補者を選ぶ余裕がない場合もあるだろう。その際には、生得的な特性について適切とはいえない人材も混じっているということを意識しながら、担当者の組み合わせなどによって不足分をカバーしていくような取り組みが求められることになろう。

1.3.1 調査目的からRQを作成する段階

　　まずは、ユーザー調査の目的を理解する理解力が必要である。当たり前と思われるかもしれ

ないが、この点がおろそかであっては、ユーザー調査全体が違った方向にずれてしまう。ついで、調査結果をイメージできる想像力である。おおよそどのような結果が得られそうかという、いわば仮説を構築することをせず、闇雲に探索的に突っ走っても良い調査にはならない。そして、RQ（RQについては、2.2.3や3.1.3を参照していただきたい）の項目を設定するにあたっては、構成力や入念さも必要になる。ユーザー調査の目的に対してRQの内容の妥当性を判断するための知識や推論能力も求められる。

1.3.2 インフォーマントをリクルートする段階

調査目的をもとに、どのような特性を持ったインフォーマントを求めるべきかを考えられる判断力やサンプリング能力が必要である。

1.3.3 ユーザー調査の準備の段階

まず座席配置を決めたりする面接技術、広く言えば環境設定ができることが必要だが、これは簡単な指導で学習することができるだろう。また、機器の用意や動作確認においては、入念さが必要である。

また、特に複数でインタビューを行う場合には、役割設定をして、誰が何をするかをきちんと決めておく面接技術も必要だし、お互いに協力しあえる協調性も必要である。

事前に、ユーザー調査セッション全体の流れや手順をチェックしたり、RQに漏れがないかを確認したりする入念さも大切である。また、RQについて、その構成を見直し、あらかじめある程度記憶しておくこと、記憶しておけることも必要である。

1.3.4 ユーザー調査の導入の段階

インフォーマントと対面する最初の段階では、適切なアイスブレーキングを行う必要があり、対人感受性という性格特性と、話題をうまく取り上げたり広げたりする面接技術が求められる。ユーザー調査の最初の方でなるべくインフォーマントとラポール形成をしておきたいが、ラポール形成には、対人印象や人柄が重要である。これは教育で変えることは困難で、堅苦しい雰囲気や威圧的な雰囲気を持っている性格の人はインタビューアーには向いていないだろう。

また、話題の展開には、話題や情報の豊富さに加えて、語彙力や表現力、想像力、いろいろなことに注意を向けられる注意力も重要である。インフォーマントの心の動きを察したり、適切なタイミングで返答や質問をしたり、話の重要なポイントを聞き逃さないことなどが大切である。

これから実施するユーザー調査を説明するにあたっては、調査の目的やインフォーマントにはどういうことを期待しているかを簡明に説明できること、特に複数でインタビューを実施する場

合にはそれぞれの役割をはっきりと説明できることも大事である。

1.3.5 ユーザー調査の実施の段階

　具体的にユーザー調査の内容に入ったときには、適切なタイミングで話を続けられること、理解しやすい表現で質問ができること、インタビューアー自身がどのように相手に見られているかを注意すること（たとえば、相槌を打ちすぎないようにするとか）、インフォーマントの言葉の裏にある気持ちを推察できる感受性を持っていること、似たような意味で、インフォーマントの気持ちに共感できることなどが大切である。また、インフォーマントの発話内容に対する理解力や言葉の不足をおぎなう想像力を持っていること、同じことを二度聞いてしまったりしないようにちゃんと記憶しておくこと、インフォーマントの発話内容を頭のなかで組み立て直して分析できること、インフォーマントの発話に欠損や矛盾がないかをチェックできることも重要である。さらに、インフォーマントと友好的な雰囲気を維持できること、用意したRQから話がずれたとしても柔軟に対応できること、インフォーマントの言動の微妙な変化に気づけること、インタビューアー自身が緊張してしまったりしないこと、いろいろな話題についていける知識量と視野の広さをもっていること、臨機応変に対応できる頭の回転の速さ、そして、前述したような認知的な多重処理ができること、などが大切である。また、全体の時間の進捗をキチンと管理しつつ、必要な情報を確実に得るようにすることも重要といえる。

1.3.6 ユーザー調査を終える段階

　ユーザー調査の終わりの段階では、残り時間を意識した時間配分を行いながら、これまでのインフォーマントの発言を要約し、確認をしていく。その際、全体を俯瞰し、補足すべき事項があれば、それを質問する必要があるが、そのためには注意力と記憶力が必要となる。

　ユーザー調査を終了するときには、ずるずるせず、予定時間より若干早めに切り上げるのが良いが、そのためには決断力も必要だろう。また、インタビューにつきあってくれたインフォーマントについては感謝とねぎらいの言葉が自然に口にでてくるようでありたい。

1.3.7 調査レポート作成の段階

　ユーザー調査の結果をまとめた調査レポートについては、それを使うことで手離れ良くデザイナーや技術者に情報を渡すという考え方を持つよりは、調査で得た情報の分析段階くらいは彼らと共同に行うことで、情報移管を円滑にすることのほうが大切である。しかし、後日、調査の内容を参照する必要もでてくることがあるので、報告書として調査レポートは作成しておいたほうが良い。その詳細については、6.1を参照していただきたい。

　この段階では、結果をまとめるための抽象化能力や理解力、論理性が必要となる。また、期待した内容と実際の調査結果を区別する識別能力も求められる。折角調査をしておきながら、レポートでは事前に持っていた仮説で強引にまとめてしまうような場合があるからである。さらにわかり易い調査レポートにするためには、構想力や文章力も必要である。次のデザイン（設計）段階に示唆や提案を行う必要があれば、創造性や提案力も必要ということになる。

第2章

ユーザー調査の手法

2.1 調査のアプローチ

2.1.1 仮説探索型アプローチ、仮説生成型アプローチ、仮説検証型アプローチ

　ユーザー調査を行う際に重要なのが仮説である。すなわち、ユーザーがどのように世界を認識し、どのような意図をもって行動し、その結果をどのように評価しているかを合理的に説明する考え方である。それが未だ明確になっていない場合には、調査を行い、得られた結果を考察しながら徐々に形成していくことになる。これが仮説探索型アプローチである。

　仮説生成型アプローチは、仮説探索型アプローチと同様に、当初はまだ仮説が明確になっていないが、探索型アプローチほどには手探りでなく、それなりの方向性をもって仮説を構築していこうとするものである。大量のデータが得られたが、そこにどのような傾向があるのかが分からない時に、（あまり勧められたものではないが）とりあえず主成分分析をしてその構造を見ていこうというようなアプローチは、仮説探索型アプローチの典型である。それとは異なり、それなりの焦点課題を明確にして調査を行い、それを本書の第4章で紹介するような手法に沿って分析していく場合が仮説生成型アプローチである、というと両者の違いがイメージしやすいだろう。特に川喜田のKJ法については4.3.2の親和図法の説明を参照していただきたい。

　これらとは反対に、ある仮説が構築された時、それが適切なものかどうかを具体的に検証していこうとするのが仮説検証型アプローチである。心理学では、仮説が構築されたらそれにもとづいて演繹的に幾つかの推論を行い、それを実験や調査で検証していこうとするアプローチを仮説演繹法と呼んでいるが、広義にはこれは仮説検証型アプローチの一つといえるだろう。

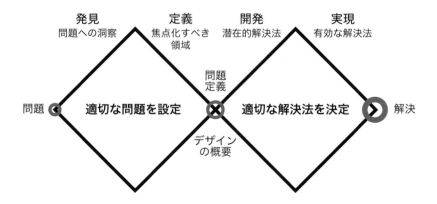

図2-1　デザインカウンシルのダブルダイヤモンドモデル

第2章

　図2-1には、イギリスのデザインカウンシル（Design Council 2019）が提示したダブルダイヤモンドモデル、つまりひし形が横につながった形のデザインモデルを示す。この考え方は、デザイン思考において、デザインプロセスにおける「考える（ideate）」段階のなかに、「拡散−収束」という形で取り込まれている。左側のひし形では問題を見つけ、右側のひし形ではその解決案を考え出すという流れになっている。ここで、問題となっている部分を仮説と置き換えると、左側のひし形では仮説が探索ないし生成され、右側のひし形で検証されるとみることができる。特にこのダイヤモンドモデルでは、拡散と収束、すなわち広げる活動と絞り込む活動に焦点が当てられているので、仮説を探索したり生成したりする段階でも、いくつかの仮説を構築し、それを絞り込んでいく過程があるといえる。

　例えば後述する親和図法（KJ法）を使って、任意のカードを「ここでもない」、「こっちかな？」、と動かしながら、最終的にある布置に収束する過程は、まさに仮説の構築（探索ないし生成）といえる。いいかえれば、本書で扱う範囲および各手法は、図2-1のダブルダイヤモンドの左側のひし形部分に相当し、右側のひし形部分は本ライブラリー第6巻の内容に相当するといえる。

2.1.2 定量的調査と定性的調査の特性の違い

　ユーザー調査を行う手法には、色々な種類があるが、大きく定量的なものと定性的なものの2種類に分けられる。これは得られるデータが数値的なものか、あるいはテキストや発話音声、写真、ビデオなどの非数値的なものか、という区別と考えてよい。一般に、定量的データについては統計的な処理を行い、定性的データについては分析者による内容分析的な処理が行われる。なお、個別の定性的調査手法については、2.2で詳しく説明する。

　利用状況の調査に用いる定量的な手法で典型的なものとして、質問紙調査（アンケート調査）がある。定量的な調査から得られる定量的なデータは、数値で表現されるもので、典型的には選択回答式のチェックリストによって得られる。紙のものもあるが、最近はウェブを使ったネットアンケートなども増えている。これに対し、定性的なデータとは、非数値的なもの（その多くはテキスト）で、典型的にはインタビューなどの自由回答式の情報として表現されるものである。定量的データは、その大小について比較したり、平均などの代表値を算出したりすることができるので、基準値を設定しておくとそれをクリアしたかどうかを容易に判定できる。もちろん、グラフなどでビジュアルに表現することもできる。他方、定性的データは、数値的な比較やグラフなどの表現はできないものの、その内容について深く考察することができる。どちらが優位になるかは、調査の目的や求める結果によって異なり、それぞれを重視する研究アプローチが存在する。

　例えば、何らかの仮説がある場合には、その仮説に焦点を当てた質問項目を用意すれば、仮説の検証が行える。質問紙調査などの定量的な手法のメリットは、結果が明確に数値的に得られ、

多くのサンプルを扱える点や、統計的な推論が可能な点にある。統計的検定や多変量解析など
の定量データの処理法を適用して、統計的に意味を持った結論を導くことができるため理解さ
れやすく、ビジネスにおける決定の支援につなげ易いといったメリットがある。一方、利用状況の
調査に用いる定性的な手法の典型的なものとして、インタビューや観察がある。これらの定性的
な手法は、主に仮説探索のために使われる。定性的な手法を用いると、ユーザーやその環境に
ついて深く知ることができ、変動を把握したり、総合的に理解したりすることに役立つ。

2.1.3 混合法（mixed method）

　混合法（混合研究法ともいわれる）は、研究アプローチを量的研究と質的研究に分けたとき、
その両者を「混ぜて」使う方法であり、時には2.1.4で説明するトライアンギュレーションと同一
視されることもある。ただ、混合法は、量的と質的という二つの視点を組み合わせながら課題を
把握しようとするものであり、混合法がトライアンギュレーションの一種であると考えるのが良い
だろう。

　混合法について、その提唱者の1人であるクレスウェル（Creswell, J.W.）は、次のように説明し
ている（Creswell & Clark 2018）。

> 　「混合研究法とは、哲学的仮定と探究の研究手法をもった調査研究デザインである。研
> 究方法論として、データ収集と分析の方向性、そして調査研究プロセスにおける多くの
> フェーズでの質的と量的アプローチの混合を導く哲学的仮定を前提とする。また、研究手
> 法として、一つの研究、または順次的研究群での量的かつ質的データを集め、分析し、混合
> することに焦点をあてる。さらに、その中心的前提は、量的・質的アプローチをともに用いる
> ほうが、どちらか一方だけを用いるよりもさらなる研究課題の理解を生むことである」（邦訳
> P.5）。

　量的研究と質的研究の組み合わせ方には、図2-2のように3通りがある。1.の「データの統合」
のパターンは、インタビュー調査の分析結果と質問紙調査の結果が同じようになるかを調べるよ
うな場合、2.の「データの結合」のパターンは、量的調査をする前に、より的確に調査参加者を集
めるために質的データを収集するような場合、3.の「データの埋め込み」のパターンは、定量的調
査を実施したなかの一部の参加者に、詳細を聞き出すためにインタビューを実施するような場
合である。

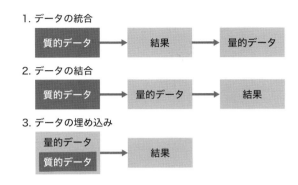

図2-2　混合のやり方（Creswell 2010, p.8）

2.1.4 トライアンギュレーション（triangulation）

　「物事を表面的にしか理解しない」という言い方があるが、ユーザー調査ではそうした態度は望ましくない。物事の表層的な理解だけでなく、その奥にある本質に迫ることは、どのような科学的なアプローチにおいても必要とされることである。また、「物事を一面的にしか理解しない」という言い方もある。これもまたユーザー調査では望ましいことではない。現実の事象は多面的であり、その一面だけを削り取ってそれを理解したつもりになってしまうことは避けるべきである。

　この後者の一面性という問題を回避するために、アメリカの社会学者であるデンジン（Denzin, N.K. 1941-）が1970年に提唱した問題への定性的研究のアプローチの仕方が、トライアンギュレーション（triangulation）である。もともとトライアンギュレーションというのは、三角測量を意味する測地学における手法だった。場所のはっきりしない地点Xの位置を明確にするために、場所のわかっている地点AとBを任意に設定し、AとBの間の距離を測定し、AとBそれぞれからXまでの角度を測定してやれば、三角形XABの形が定まり、地点Xの位置がわかる、という測量技法である。デンジンは、そのやり方を比喩的に用い、未知の問題Xに対しては、Aというアプローチだけでなく、Bというアプローチを併用することによってXの位置づけを明確にしようと考えたわけである。

　デンジンは次のように書いている。「もし異なる手法のそれぞれが、経験的な現実の異なる特徴を明らかにするのであれば、一つの手法しか使わないとすると、その現実のすべての特徴を完璧に捉えることはできない。したがって、社会学者たるもの、同じ経験的な事象の分析を行おうとするときには、複数の手法を利用することを学ばねばならない」（Denzin 1970, p.13）。あるいは、「それぞれの手法は経験的な現実の異なる側面を明らかにするものだから、複数の調査

方法を使わなければならない。これをトライアンギュレーションと呼ぶ」といった具合である（同p.26）。

　測地学においては、Xの位置を明確にするにはAとBという二つの既知の場所があればよかったが、社会学ないしより広い意味での社会科学では、二つの調査にかぎらず、それ以上の調査があっても良い。いやむしろそのほうが、Xという未知の概念をより明確に位置づけられるといえる。

　デンジンは、次のような4種類のトライアンギュレーションを区別している。

a.　データ・トライアンギュレーション（data triangulation）：同じ調査を異なる日時で実施したり、異なる場所や地域で実施したり、異なる対象者に対して実施すること。

b.　調査者トライアンギュレーション（investigator triangulation）：調査において複数の調査者が参加し、それぞれの視点から調査を行うこと。

c.　理論的トライアンギュレーション（theory triangulation）：現象を解釈する際に一つ以上の理論的枠組みを用いること。例えばSNSの流行について、社会心理学、発達心理学、あるいはメディア論や社会学などの立場から解釈を行うこと。

d.　方法論的トライアンギュレーション（methodological triangulation）：データを集める際に、面接法、観察法、質問紙法、文献調査などの一つ以上の方法を用いること。定性的手法と定量的手法を組み合わせることも方法論的トライアンギュレーションであり、前述した混合研究法がそれに該当する。

　総じて、トライアンギュレーションは多面的な問題把握を行うことを目標としており、同一の目標課題について、異なる見解が生じることを良しとする。得られたデータ間のズレを解消しようと努力することに、より深い対象の理解が生まれると考えるわけである。

2.2 ユーザー調査における定性的手法

　ユーザー調査のための定性的な調査の実施については、様々な手法があるが、大別して、データを集める手法と、集まったデータを分析する手法とに分けられる。この2.2では前者を、また第4章の4.3では後者を説明する。

2.2.1 文脈における質問（contextual inquiry）

　ユーザー調査では、観察やインタビュー、質問紙調査などの方法を用いるが、少なくとも観察（2.2.2）はユーザーが当該の製品やサービスを利用している現場、つまり利用文脈で行う必要がある。現場で調査を行うことによって、対象の製品やサービスをユーザーがどのように利用しているか、そこにどのような問題点があるかを確実に把握することができる。もっとも、観察法の場合には、ユーザーの行動を外部から観察するだけなので、その時ユーザーが何を考えていたのか、どのように感じていたのか、なぜそのような行動をとったのか、といったことは分からない。観察には利点も多いが、そうしたユーザーの内面に関する情報が欠落してしまうので、インタビュー（2.2.3）や質問紙調査でその欠落した部分を補う必要がある。

　ちなみに、ユーザビリティテストというユーザビリティの評価手法では、ユーザーに課題を遂行してもらいながらその行動の観察を行い、同時に頭に浮かんだことをユーザーに発話してもらう思考発話法（発話思考法ともいう）というやり方を使うことが多いが、そのやり方に慣れない多くのユーザーは、しばしば考えたことや感じたことを発話するかわりに、「これを右にひねって」とか「ここのボタンを押して」というように、観察していればわかる動作の説明に終始してしまい、なぜそうした行動をとったのかが分からなくなってしまうことが多く見受けられる。そのため、ユーザビリティテストでも回顧的面接（retrospective interview）といって、テストが終わってから、記録しておいたビデオを見ながら不明な点を改めてインタビューするというやり方が取られることが多い。このように観察法には、ユーザーの外面的行動を知ることはできても、その内面に迫ることが困難であるという問題がある。

　他方、インタビューや質問紙調査を使うと、ユーザーの考え方や感じ方を知ることができるが、それを会議室のような場所で実施したのでは、ユーザーの記憶に頼ることになり、記憶のあいまいさから逃れることができない（とはいえ、そのような場合は結構起きてしまうが）。また製品やサービスを使用していない場面では、その使い方についての言語的な説明ではよく分からない部分もでてきてしまう。

　したがって、インタビューや質問紙調査と観察とを組み合わせれば、両者の欠点を補うことができるものと考えられる。つまり、ユーザーが製品やサービスを利用している現場を観察しながら、インタビューや質問紙調査もリアルタイムに併せて実施するという方法が考えられる。ベイヤー（Bayer, H.）とホルツブラット（Holtzblatt, K.）が提唱している文脈における質問（contextual inquiry）という手法（1998）は、まさにそうした手法である。基本的には、いつも作業をしている現場で、ユーザーに普段どおりに作業をしてもらい、それを観察しながら折々に質問をしていくというものである。いいかえれば、当事者主義と現場主義という考え方にもとづく手法ということである。なお、日本ではそのまま「コンテクスチュアル・インクワイアリー」と呼

ばれたり、「文脈的質問」などと訳されたりすることもある。

　ユーザーの行動は何らかの文脈、つまり状況や環境の中で行われている。そのことについては観察法によって概略を知ることができるが、ユーザーの行動を観察しても、ユーザビリティテストにおける思考発話法のようにいちいち発話しながらユーザーは行動しているわけではないし、文脈についても、物理的な環境については観察で確認できるものの、文化的、社会的な文脈については話を聞かないと分からない。そのような理由から観察にインタビューを組み合わせている訳である。また、反対にいえば、インタビューでユーザーの考え方や要求を知ることはできるが、実際にどのような人工物や環境をどのように利用しているかは観察しないことには分からない、という考え方によってインタビューに観察を組み合わせたものともいえる。ともかく、フィールドワークで主に利用されている観察とインタビュー（面接）の長所と短所を組み合わせて、両者の良いところ取りをしようとした手法である。

　ホルツブラットたちは、この手法の基本原則について「まずユーザーのところに行き、こちらが関心をもっている行為をしているところを注視し、彼らがその時にしていたことについて話をさせてもらいましょう」（Holtzblatt and Beyer 2017, p.43）と簡潔に述べている。

　質問して回答を得る場面には、学生が教師のところに行って質問する場合もあれば、子供が訊ねたことに親が答える場合もあるが、文脈における質問法が採用しているモデルは、師匠となる熟練工と見習い工（master craftsman and apprentice）の関係である。もちろんユーザーが熟練工であり、インタビューアーが見習い工に相当する。ただ、熟練工にありがちなことだが、彼らは見習い工にどうすればいいのかをうまく言葉で説明することができないことが多い。日常の生活では、ユーザーはいちいち自分の行動を言語化していないからだ。そこを言語化し理解していくのは見習い工たるインタビューアーの役割である。また、何かをやっている際に話をしてもらうと、連想で関連したことがらを思い出してくれる場合もある。こうした回顧的な説明も有用であることが多い。

　ホルツブラットたちは次の4点を文脈における質問の原則として強調している。

（1）文脈（context）

　理想的な状況は、活動が行われている現場に物理的に同席させてもらうことである。インタビューアーが欲しいのは、まとめられた情報ではなくそこで起きている事実であり、抽象化されたデータではなく具体的なデータだからだ。この点は、観察という同時的な活動の特性でもある。

（2）協力関係（partnership）

　一方的にユーザーからインタビューアーが情報を得るのではなく、両者が協力して、情報を

第2章

シェアし、解明していくような状況を作ることが大切である。注目すべき点にさしかかった時、ユーザーには作業を止めてもらい、説明を聞かせてもらい、それから作業を再開してもらうようにする。

（3）解釈（interpretation）

　観察し、話を聞いてその内容を理解するだけでなく、なぜユーザーはそこでそのような行動をしたのかという解釈をしなければならない。これはインタビューアーにとって認知的負荷の高い作業ではあるが、解釈をして仮説構築する作業を観察やインタビューと同時並行的にやることが望ましい。

（4）焦点（focus）

　プロジェクトの目標が設定されたら、プロジェクトとしての焦点課題を明確にしておくこと。その焦点からユーザーの生活状況のどのような側面が重要かを整理していく。もともと生活状況は多面的なものだから、焦点を明確にするようにして、仮定や偏見に左右されないようにする。

　文脈における質問のポイントは以上だが、もともと（経験値ではあるが）2時間程度と限られた時間枠で、どこまで深く突っ込んだことを明らかにできるかというと、難しい点はある。ただ、2時間程度という枠はユーザビリティテストでも、通常のインタビューでも同じで、インフォーマントの疲労（と同時にインタビューアーの疲労）を考慮するとやむを得ない限界だろう。あとは、その時間枠をいかに有効に利用するか、である。

　文脈における質問は優れた手法ではあるが、その実施が困難な場合もある。家庭生活に関連したことだと、そもそも家に入られることを嫌がる場合がある。事業所などでも機密保持などの理由から第三者が入れないこともある。また、そうした密閉空間でない場所、例えば歩行中、公共交通機関のなか、医療現場、美術館などの施設、店舗などが対象となることもあり、そのように場所の確保が困難な場合にはやむをえず会議室などで行うことになる。あるいは、店舗の場合のように日中の客が出入りする時間帯では実施が困難で、閉店後に実施しなければならないこともある。それらの条件はやむを得ないことなので、観察すべき事柄については想像力で補完して実施することになる。

2.2.2 観察法

（1）フィールド調査と現場主義

　フィールドとは、ユーザーが仕事や生活をしている現場のことである。ユーザーが仕事や生活

をしている現場に調査者が出かけてゆき、ユーザーの人工物の利用の仕方や考え方、基本的な業務や生活の特長などを調べることをフィールド調査という。ユーザーから話を聞くだけでわかることもあるが、仕事や生活の現場に行かないとわからないことも多い。そのため、HCDにおけるユーザー調査では現場に行くことを重視しており、現場主義のスタンスで行うことが望ましい。現場主義の調査では、人的環境（対人関係）、物理環境（屋内環境や照明、音響などの環境）、社会環境（ユーザーが従うことを要請されている規則や規制など）、地理環境（近隣の駅や商店街、山や川などの環境要素）などから構成される現場、ユーザーがそこに身を置いている現場を知ることを重視し、調査者もユーザーが仕事や生活をしている現場に出向くことが必要である。

　観察法は、基本的に現場で行う自然観察法が主体で、ユーザビリティの評価に用いられるユーザビリティテストのようにユーザビリティラボなど人工的な環境で実施する実験観察法は、人間工学的なタスク分析や動作分析、認知分析を行う以外にはユーザー調査ではあまり使われない。ユーザー調査では、2.2.1で説明した文脈における質問法（contextual inquiry）のように、観察にインタビューを組み合わせる方法を適用するのが一般的である。文脈における質問法は現場主義で、観察をともなったインタビューであるが、インフォーマントは調査者の存在を意識している点で、参与観察や参加観察法と呼ばれる手法と近い位置づけになる。他方、2.2.3で紹介するインタビュー（個別インタビュー）は、スマートフォンのように実際の利用現場が多岐にわたるなど、現場が特定しにくかったり、医療現場や満員電車のなかなどのように実際の現場での実施がためらわれたりする場合、やむを得ず会議室のような場所を使って調査が行われることがある。そういった場合、現場主義から外れてしまうわけだが、インタビューでは発話内容が重視されるため、やむなしとして受容されている。現場で調査が行えない場合には、現場での利用状況の詳細を尋ねることに加えて、2.2.6で紹介するフォトダイアリーによる写真を提供してもらうなど、より現場を知るための工夫をする必要がある。

　なお、観察法には、調査者が設置したビデオカメラでインフォーマントの行動をその環境とともに録画を長時間続けたまま記録するという非参加的観察法もある。ただし、このやり方の場合には、インフォーマントが調査者の視線を意識せずに自然に行動できるというメリットはあるものの、膨大な記録が得られてしまうので、そこから有用な情報を抽出することが困難になることが多く、適切な部分の切り出しや編集にも手間がかかる。また文脈における質問法や参与観察の場合と異なり、言語的な補助情報を得ることもできないので、特別な目的の場合に用いられる手法と言える。

（2）ビデオやカメラの活用
　観察の基本は、現場で調査者が肉眼でユーザーの行動や人工物とのインタラクションの様子

を見ることにあるが、肉眼では見落としたり、たまたま見る機会を逃したりしてしまうこともある。そういった問題を回避するために、ビデオやカメラなどの機器を活用すると良い。最近では、解像度も向上し、小型化しており、さらに価格も低下してきているので、これを活用しない手はない。ビデオやカメラで撮影を行う際には、撮影対象に応じて、動画像として記録をするか、静止画として記録をするかをあらかじめ考えておく必要がある。4Kのビデオカメラの場合は別だが、周囲環境を確実に撮影するためには、動画像よりも細部をじっくり確認ができる静止画像の方が望ましい。一方で、ユーザーの行動における動的な対象を記録する場合には、動画像でないと分からないことも多い。例えば、ひとつひとつの操作にどのくらい時間がかかっているか、何回くらい繰り返して操作していたか、どの順番で操作していたか、といった時間的な情報や一連の流れは、動画の方が静止画で見るよりも分かりやすい。

　動画像や静止画像を撮るときに注意すべきことは、映像や画像に記録してあるからと安心してしまい、観察そのものが疎かにならないように気をつけるという点だ。特に、文脈における質問法を適用する場合には、撮影中に気がついたことが生じたときにその場で質問をして、撮影した対象についての意味や役割を確認しておくことが必要となる。また、一般に、現場で調査を行う際に複数の調査者が居る場合には、動画像や静止画像を撮る担当者とメインでインタビューをする担当者が別であることが多いが、事前に調査目的を確認して両者の関心のすり合わせを行っておくことは必須である。両者の関心がそろっていないと、せっかく話を聞いても、それが映像や画像として記録されていないといった失敗も起こり得るので注意が必要である。

　なお、非参加的観察法の場合には、ビデオ記録と同時にインフォーマントの説明を聞くことができないため、必要であれば、必ず回顧的インタビューを行って、後刻、または後日、ビデオ記録をパソコン画面などで見せながら説明を聞くようにすべきである。

(3)観察の視点

　ユーザー調査に用いる観察法では、ユーザーの行動、特に利用されている人工物との関係に注目して行う。非参加的観察法の場合には、どのようなことが契機となってユーザーが特定の行動を起こすかも観察できる。参加的観察法の場合には、ユーザーに依頼して人工物の利用を開始してもらうことが多いが、製品の場合にはその収納のされ方や取り出し方などにも注意して、特に無理や無駄がないかなどに焦点化して観察を行う。観察に思考発話法を適用し、ユーザーに考えていることを発話してもらっている場合には、その発話内容からユーザーの困っている点や面倒だと思っている点を知ることができるが、中には思考発話法をするのに練習を要する、あるいは練習をしても上手く思考発話が行えないインフォーマントもいる。ユーザーから発話が得られなかった場合でも、文脈における質問法を適用すれば、調査者側からそれらの点を尋ねる

ことができる。また、観察を通じて、ユーザーの行動の中に非効率的な点や無駄な動作がないかを確認しておくと、開発しようとしている人工物を設計する際に有用である。

　また、観察を行っている時には、できるだけメモをとるようにし、メモには簡単なイラストを添えるようにすると良い。イラストといっても、きちんとしたものである必要はなく、位置関係や何のどのあたりであるかが分かる程度のラフなもので、詳細は後刻に映像や静止画像を確認しながら、それとの突合せを行うために用いる。こういったメモは、ワークモデルの人工物モデル（4.3.5）に類似したものになるだろう。さらに、ユーザーの動いた軌跡も簡単に記録しておくと、ワークモデルの物理環境モデル（4.3.5）にも類似したものとなる。例えば、ユーザーの体全体の移動の場合もあるが、スマートフォンやパソコンの画面上での指やカーソルの動きの場合もある。動画像を撮影しておいて、調査後に描画するのもいいが、いずれにせよ記録として起こすようにする。ただし、映像や静止画像を撮ることはあくまでも観察の補助であるため、撮影に夢中になるあまり、ユーザーの行動について考えながら観察することが疎かになってしまわないよう注意が必要である。特に、なぜユーザーはそのような行動をしたのか、それが最適な動作だと思っていたのか、ユーザーはその動作に困難を感じていないのだろうか、といった点については想像力を駆使して考察していく必要がある。

2.2.3 個別インタビュー／デプスインタビュー（一般的+回顧的）

（1）インタビュー調査開始の前に

　インタビュー調査を実施する場面には二通りがある。一つは、インフォーマントの居宅や仕事場を訪ねる訪問型インタビュー（現場インタビュー）、もう一つはインフォーマントを会議室などこちら側の会場に迎える招待型インタビューである。一般にHCDの目的で企業関係者が行うインタビューでは、自社の会議室にインフォーマントを呼ぶ招待型インタビューが多いので、以下の説明では、招待型インタビューを想定して記述することを基本とするが、必要に応じて訪問型インタビューの場合についても説明を加える。

　なお、訪問型インタビューでは、インフォーマントの生活や業務の現場で調査を実施する。そうした現場にはインフォーマントが利用している様々な道具や機器がおかれているため、必要に応じてそれらの人工物を見せてもらったり、その使い方を教えてもらったりすることができる。それらの情報はインタビューの発話から得られた情報を補うことになるため、現場インタビューを行う利点は大きい。さらに、インフォーマントは自分自身の環境のなかにいるため、比較的落ち着いた状態で調査に応じることができる。そうした点を考慮すると、調査に与えられた時間や予算などの状況が許すなら、文脈における質問法などの訪問型インタビュー（現場インタビュー）を行うのが望ましいといえる。

　　反対に招待型インタビューでインフォーマントを会議室などに招く場合には、インフォーマントは見慣れない環境に入ることになるので、多かれ少なかれ緊張した状態にある。3.3.1で説明するアイスブレーキングは、そうした緊張感を解くためのものである。

(2)インタビューの開始と質問の仕方

　　インフォーマントの緊張感が溶けてきたら、インタビューの目的や概要を説明する。インフォーマントは、自分の話した内容がどのような目的に利用されるのかを知ると、それなりに安心できるものだからだ。インタビューにおける質問は、基本的にリサーチクエスチョン（RQ: research question）というあらかじめ用意した調査項目にもとづいて行う。ただ、RQに書かれている内容だけに留まるのでなく、必要な範囲で深掘りをすることがある。なお、RQについては5.2.1の実例を参照されたい。

　　例えば、旅行サイトを使って旅行を計画する場合を想定したRQに「行く先を決めるポイントは何か（RQはインフォーマントに見せるものではないので、丁寧語にする必要はない）」という項目があったとする。それにもとづく質問に対してインフォーマントが、まず「夏だったら山か高原がいいですね。4人家族だから車で行くと思うので、近場になるかな」と答えたとする。その際に、近場としてはどのあたりを想定するか、宿泊先はホテルを想定するかなど、インフォーマントの回答に合わせた質問を一通りしたあと、なぜ海という選択肢は排除したのか、電車の利用は考えないのか、温泉の有無は重要ではないのか、などインフォーマントの回答に含まれていなかった事項を追加で質問し、それらの事項がインフォーマントにとってはそもそも重要ではなかったのか、それとも単に発言し忘れただけなのか、などを明らかにしていく、という流れをとるのが良いだろう。つまり、表側の質問だけでなく、その裏を取る、ということである。

　　インタビューの最中に、インタビューアーが知らない言葉がでてきたら、インタビューアーは、自分がインフォーマントという「師匠」に対する「弟子」なのだと考えて、素直に質問をしてインフォーマントに教えてもらう必要がある。そんなことも知らないのかとインフォーマントに馬鹿にされることが心配になるかもしれないが、分からないままにしてインタビューを終えてしまうと、最後までその情報が分からないままになってしまう。ただし、あまり頻繁に質問をして会話の中断が続くと、インフォーマントの印象を損なう結果になる。それを防ぐためには、あらかじめ予想される会話内容について予習をしておくことだ。常識的に知っておくべきことを知らないのでは、やはりインフォーマントの不信感を募らせてしまうことになる。

　　とはいえ、「それはどうしてですか」「そうしたことを考えられたのはなぜですか」といった形で、質問をたたみかけるようなやり方の質問を繰り返すことは、インフォーマントに圧迫感を感じさせるため、あまり推奨できない。インタビューで質問をするときには、立て続けに質問するので

はなく、適切な間をとり、インタビューにリズムを付けるようにするのが良い。そうしないと、インフォーマントは圧迫感を感じてしまう可能性がある。また、反対に、間延びしたインタビューも避ける必要がある。間をあけすぎると、インフォーマントはその間どうしたらいいのか分からず、居心地の悪さを感じてしまうからだ。

　インフォーマントの発言の中に固有名詞や年代や、その他重要と思われる事柄がでてきた場合には、適宜メモを取るようにする必要がある。これは、インタビューの途中で、インフォーマントの話した内容をストーリーとして構造化していくのに役立つし、インフォーマントに対して「ちゃんとあなたの話を聞いていますよ」とアピールすることにもなる。ただし、一字一句を書き取る必要はない。音声はボイスレコーダに記録されているので、固有名詞や年代、その他の重要なポイントだけを要約してメモ書きすれば良い。さらに、メモ書きに集中しすぎて、インフォーマントとのアイコンタクトが少なくなったり、会話が中断されてしまったりしないように気をつける必要がある。

（3）頭の中での多重処理

　インタビュー中のインタビューアーの仕事は、単に質問をするだけではない。インタビューを実施する際には、頭の中で様々なことを同時並行的に多重処理（並列処理）する必要がある。まず、インフォーマントに質問をしたら、回答の内容だけでなく、そうした回答が与えられた背景を想像しなければならない。そして、その回答とRQに含まれている項目の両方を考慮しながら、次にどのような質問をすべきかを考えねばならない。また、RQの項目の進捗度合いやインフォーマントの状態（例えば疲れた様子がないかなど）、残り時間を考慮して、その後の時間配分を考える必要もある。予定時間の半分が過ぎたのに、RQの項目がまだ半分以下しか消化されていないようではいけない。しかし、だからといって聞きたいことが残っているからと、予定されていたインタビュー時間を超過してはいけない。インフォーマントには次の予定があるかもしれないし、そもそも約束を反故にするような態度は、インタビューアーとして慎むべきことだからだ。さらにインタビューの途中では、当初の調査目的にさかのぼって、それぞれのインフォーマントに、どのような質問をしておくべきかという判断をすることもある。そのような場合には、RQにこだわらず、当初の調査目的に有用な情報を求めるように舵を切る必要がある。また、インタビューが進むにつれて、それまでのインタビューの内容を思い出して、そのインフォーマントにとって、このテーマはどのように位置づけられ、どのような概念構造や感性的な価値観に関係しているのかを考えていくことも必要になる。当然だが、注意力が低下して、それまでにインフォーマントが話したことを忘れるようなことがあってはならない。

　このように、インタビューアーは、インタビューを実施する際に、同時に幾つかの情報処理を並

第2章

行して行っていく必要がある。インタビューという作業は、予想外にインタビューアーの精神的な負担が大きな作業である。頭が飽和してきて、同じ質問を二度繰り返してしまうようになってもいけない。インフォーマントの方は、頭のなかで並列処理を行っているわけではないので、インタビューアーよりもクリアに物事を考えている可能性があり、インタビューアーのミスには敏感に反応する傾向がある。そのためもあって、インタビューの時間はおよそ2時間以内にするのが望ましい。

（4）RQへの柔軟な姿勢

　実際にインタビューを行っていると、RQとしてあらかじめ設定しておいた項目に加えて、「調査目的を達成するためには、このことは追加して聞いておく方がいいだろう」と思えることがでてくることが多い。また、インフォーマントの発話のなかに重要と思われることが含まれていて、更に質問した方がいいと思われることもある。そのような場合には、用意していたRQにこだわらずに、柔軟な姿勢で質問項目を追加修正し、話を展開していくべきである。柔軟さという点では、インタビューの最中に、話が拡散してしまったときに話の軌道を本来の話題に戻すことや、用意したRQの順番どおりに話が展開しなくても、それに対応できることも求められる。インフォーマントの発話に説明不十分な点があったときには、その内容を十分に理解するために、補足質問や具体的な例を示して確認していくことも必要である。

（5）ストーリー構築

　インフォーマントの話を聞く時には、その発話内容を表面的に理解するだけでなく、その背後にある意味や気持ちを推し量るようにすることが望ましい。そして、インフォーマントの発話内容を整理し、複数の発話から得られた情報を頭のなかで組み立てて、構造化されたストーリーを構築するようにしたい。

　時には予想していたものとは全く異なる回答がインフォーマントから得られることもあるが、だからといって強引に事前の仮説や期待に合わせて、話をねじ曲げるようなことをしてはいけないのは当然である。想定していなかったことや、期待していなかった情報も幅広い態度で受け止め、広い視野でストーリーを構築するようにする必要がある。

　インフォーマントは、話のつじつまを合わせたり、インタビューアーに迎合したりして、時に自分が思っていることとは異なる内容を発言してしまうことがある。そうした発言によってインフォーマントの話を誤解しないよう、話の背後にあるインフォーマントの気持ちや考えを理解し、その種の発言を見抜いて、インフォーマントの真意がでている発言を聞き逃さないように努めるべきである。そのためには、インフォーマントの言動の微妙な変化にも注意を払う必要がある。全体と

して、インフォーマントの発話内容が首尾一貫しているかどうかを確認し、論理的な整合性を確認する必要がある。矛盾点に気がついても、「先ほどのお話ではこれこれだったと思いますけど」のように、インフォーマントの一貫性のなさを批判するような態度で指摘をしてはいけない。つねに「弟子入り」の姿勢で再度、確認のための質問を行い、そうした矛盾を解消するようにするべきである。

（6）インタビューの終了

　インタビューの最終段階、つまりまとめの段階をラップアップ（wrap up）という。この段階では、既に述べたような、ストーリーの構造の明確化や内容の首尾一貫性などを、改めてチェックする。その上で、補足すべき質問があれば、追加質問をしていく。インタビュー全体を見渡して、まだ質問していない重要なことがないかを、RQやビジネスゴールを思いだして確認する必要がある。まだ、他にも色々と聞いておきたいことがあったとしても、残り時間を考慮して、どこでインタビューを打ち切るかについて決断しなければならない。

　予定した時刻の数分前にはインタビューを終了することを目指したい。インタビューの終了時には、謝礼に関する手続きを忘れていないか、同意書は記入されているかに注意したい。最後に、インフォーマントの協力に感謝して労いの言葉をかけるようにする。インフォーマントが忘れ物をすることは結構あるので、招待型インタビューを行った時には、そうした点にも気を配る必要がある。訪問型インタビューの場合、こちらが忘れ物をしないようにすることは当然である。

（7）オンラインインタビュー

　2020年に世界的に流行したCOVID-19の影響で、オンライン授業、オンライン会議、リモート飲み会などが頻繁に行われるようになった。オンライン会話ツールも、現在ではZoom、WebExなど多数のシステムが出回っており、小規模なら無料で使えるので、オンラインインタビューにはもってこいの状況が到来した。

　ただし、若干の音声のディレイが発生すること（画像については気づかないことが多い）、画質が撮影側（特にインフォーマント側）のカメラの品質によってはあまり解像度がよくないこと、時たまではあるがネット接続の調子が悪くなってしまうことなどの技術的問題点はある。しかし、音声と映像で会話ができることは、インタビューにとっては最適であり、時には（大きさなどにもよるが）利用している人工物をカメラに写してもらったり、利用している様子を写真やビデオで撮影したデータを送信してもらったりすることもできる。

　これを拡張して、オンライングループインタビュー（オンラインフォーカスグループ）を実施することも可能であるが、個々の画像が小さくなってしまい、また音声や画像の遅延がしばしば発生

することから、インタビューの円滑なモデレーションが困難になることもある。しかし、以前であれば、日程調整や会場の決定、交通費の問題などがあった諸点が解決されるため、それらのメリットがデメリットを上回ると考えられる場合も多い。

　なお、オンラインインタビューを実施する場合には、オンライン会話ツールのアプリをインフォーマント側でもインストールしておいていただく必要があるため、インフォーマント側にある程度のICTリテラシーは必要となる。

2.2.4 グループインタビュー／フォーカスグループ

　グループインタビューは、アメリカではフォーカスグループ（focus group）と言われることが多い。これは中心となる話題（フォーカス）を中心にして話合いをするということを強調した言い方である。またグループインタビューはしばしば「グルイン」と略されている。

　数人からせいぜい10人程度までのインフォーマントを会議室に集めてインタビューを行うものである。人数が少なすぎると出てくる発話内容の幅が限定されてしまうし、多くなりすぎると一人当たりの発言可能時間が限定されてしまう。単なる雑談になってしまわないように、話の進行を調整するモデレータ（moderator）が参加者のなかに入る。事前準備としては、焦点課題と簡単なRQがあれば良く、個別インタビューの時のような詳細なRQは必要なくても良い。時間的にはやはり2時間程度を上限とするが、参加者の簡単な自己紹介を行った後は、与えられたテーマ（例えば「スマートフォンで重視している点」といったような比較的ざっくりしたもの）について、各自が自由に発言してゆく。

　自由な発言を行わせた場合には、話題の中心が主催者の関心事から逸れていってしまうこともあるので、そうした場合はモデレータが軌道修正を行う。また、複数の参加者のなかには、話好きな人もいればあまり話が得意でない人もいるし、性格的に自己主張の強い人もいれば他人に迎合してしまいがちの人もいる。しかし、だからといって参加者に順番に意見を言わせるのではグループインタビューの特長が発揮できず、時間の無駄にもなる。グループインタビューでは、ある人の発言が他の人の発想の種になったり発話のきっかけになったりして、それで会話が発展していくという特徴があるので、そうした自由な雰囲気を作っておかねばならない。ただし、あまりにも発言者が特定の人物に偏ってしまったと判断される場合、モデレータは発言の少ない人に向けて「〇〇さんは、その点については、どう思われますか」というように意見を吸い上げる努力をする必要がある。

　確保した時間が2時間だとして、そこに5人のインフォーマントを招いた場合、一人当たりの発言時間は平均で120分/5人=24分となってしまう（導入や収束の時間を考慮するともっと短くなる）し、10人のインフォーマントであれば12分となってしまう。その意味では、あまり多くのイ

ンフォーマントを集めることは発言機会を喪失させてしまうという点で好ましいとはいえない。それを補う意味で、最後の15分程度を使って質問紙に記入を求めることもあり、それは悪いことではないが、やはりグループインタビューの良さは参加者間のダイナミックなやりとりのなかにユーザーの本質的要求が見えてくる点にあるので、無理に時間効率を向上させようとする必要はない。したがって、また、人数は数人程度が最適といえるだろう。

2.2.5 経験想起法(ERM: Experience Recollection Method)

　ここから以降の手法は、ユーザー調査、つまり設計の最初の段階として、目標とするユーザーについて適切な理解を行おうとする目的で行われる調査だけでなく、UX調査、つまり製品やサービスが市場に提供されてから、それがどのように利用されユーザーにどのような経験をもたらしたかを把握しようとする調査にも利用され得るものである。例えば経験想起法については、詳しくは第7巻、ないしは『UX原論』(黒須 2020)で説明しているので、ここではポイントのみを要約することにする。

　ERMは、ユーザーの経験を時系列的に調べるUXカーブ(Kujala, et al. 2011)などの一連の手法を比較評価した結果、カーブやグラフなどのビジュアルな表示形式をやめ、横軸の時間を等間隔ではなく任意の時点における評価を記入してもらうようにしたものである。つまり、ユーザーは、思いついた順に、特定の人工物との経験を(大まかな時期を指定して)テキストで記入し、あわせてその経験の満足度(プラスかマイナスか)をその程度に応じた評定段階(オリジナルでは+10から−10までの21段階)で記入してもらう、という手法である。こうして定性的手法と定量的手法を合体させているわけでもある。

　例えば、1年前に購入したスマートフォンについて「最近」「だんだん熱を帯びるようになってきた」「-5」と書くようなものである。

　なお、ERMはスマートフォンや洗濯機のような製品についても、大学生活や飲食店、病院におけるようなサービスについても適用可能である。

　インフォーマントが経験したことについてこのようなデータを思いつくだけ挙げてもらったら、一つの分析法としては、それらがユーザビリティに関係するのか、信頼性に関係するのか、機能性に関係するのか、等を集計する。そして、最終的に信頼性に関係したマイナスポイントが多いということがわかったら、改訂版を出すときには特に信頼性の向上を期して設計を行うことにする、というわけである。

　もう一つのより一般的な分析法を示すために図2-3にERMの事例をあげる。図2-3の例では、大学生活に関して学生にその経験内容を聞き、評価を求めている。大学生活というのは、教育システムの行うサービスであり、これもUXの一つなのである。これは、もともとは手書きで記

入されたものをタイプしたもので、空行を削除している。この分析法では、このERMへの記載事項をもとにしてユーザーにインタビューをしていく。つまり、ERMは系統的な回顧的インタビューに相当するものといえるが、それぞれの記入事項に評価ポイントのついているところが回顧的インタビューとは異なっている。インタビューでは、例えば最初の「志望校ではなかったので、期待感はほとんどなかった」について、「どういう大学を志望していましたか」、「大学ではどういうことをしたかったのですか」、「現在の大学についてはどういう点が期待に一致していましたか/期待から外れていましたか」等の質問をし、さらにその回答について質問を重ねていくことにより、この学生(教育システムのサービス利用者)の本質的要望に迫っていくことができる。

経験想起法(ERM)記入用紙　　対象となる機器やサービス　**大学生活**　性別　**男**　年齢　**21**

次の表の各行の左端には、対象との関わりに関するフェーズが書かれています。思い出せるエピソードを書いて、右端にその経験値の評価(基本的に満足度の水準)を+10から-10の21段階で評価してください。エピソードには出来事だけでなく、その時に感じたことも書いてください。

フェーズ		エピソード	評価
利用する前(の期待感)		志望校ではなかったので、期待感はほとんどなかった。	-10
利用開始時点	2018年	校舎が山奥で遠く、バス通学が、億劫で、息苦しくなる。	-10
利用開始から暫くの期間		友達が徐々にでき、今までの生活より自由なため、少しずつ楽しくなる。	+5
		サークルの先輩にアルバイトを紹介してもらう。	+3
それを利用している期間		受験勉強と異なり、授業によって理解のばらつきが出る。	-1
		生活費を稼ぐために、夜勤をした後1限を受け、ストレスが溜まっていく。	-5
		人見知りのため、グループワークで困惑する。	-3
		2年生になったあたりから、全てに余裕を持てるようになる。	+5
		冷凍食品だけを食べ、睡眠不足であったため、体を壊す。	-5
		授業によって、楽しくなってくる。	+5
最近		コロナ禍で外に出られなくなり、無気力になる。	-5
		オンライン授業で課題が多すぎて、疲れる。	-5
現時点での総合評価	2020年	春学期でオンライン授業を経験したため、より不安が大きくなる。	-5
近い将来(の予測)		何となく就職をして、より余裕のある生活をする。	+3

図2-3　ERMの事例

2.2.6 ダイアリー法

ダイアリー(日記)そのものは長い歴史をもっているが、それを調査法として利用することは、一般的には、ダイアリー法(diary method)ないし日記式調査と呼ばれている。日記には、起こったこと、それを筆者がどう見たり感じたりしたか、それに対してどういう思いを抱いたかが、長期間にわたって記載される。どのような事柄について日記を書くかという方向性は、筆者の関心や感受性によって決められるが、比較的短い時間、通常は一日のうちに起きたことについて、詳しく知ることができ、しかもそれが長期間の間にどのように変容したかも知ることができる。

ダイアリー法は、従来は、家族心理学や臨床心理学、教育心理学、社会心理学などの目的で、どのようなことがらが筆者の関心事なのか、それについてどのような気持ちでいるのかなどを明らかにするために利用されてきており、ナラティブ(narrative)研究の一環という位置づけがなされることが多い。その方向で、スマートフォンを利用したデータ収集のシステムも開発され、あるいは生理的指標を同時に収集する試みも行われている。チクセントミハイ

(Csikszentmihalyi and Larson 1987)によるESM(Experience Sampling Method, 経験サンプリング法)において、質問紙とあわせて日記データを集めようとするやり方もある。このあたりの先駆的な研究のまとめは、ボルガー他(Bolger, et al. 2003)に要約されている。

(1)その長所と短所
　ダイアリー法の長所としては、次のことがあげられる。

a.　長期間にわたってデータをとることができる：ESMなどが2週間程度を限度とするのに対し、日記法であれば数か月か、一年か、それ以上にわたる調査が可能である。

b.　実文脈における情報とみなすことができる：筆者の体験にもとづくものであるため、実際の文脈や状況におけるデータと考えることができる

c.　歪曲を最小限にすることができる：その日のうちに記入することが多いため、後になってから合理化や編集をしてしまうようなことが防げる

d.　出来事の起承転結を理解できる：何日もの間には、原因となること、その経過、そしてその結果が書かれていて、動的な変動を把握することができる。

　一方、短所としては、以下のことがあり得る。

a.　記憶の変容が避けられない：その日のうちに書くとはいっても、出来事が起きてから日記に記入するまでの間に、記憶の変容や内容の編集がおきてしまうことは避けがたい

b.　意識的な変容もあり得る：他人に見られてしまうことがわかっている日記に、すべてのことを正直に書くとは限らない。

(2)ダイアリー法におけるメディアの利用：フォトダイアリー、フォトエッセイ
　ダイアリー(日記)の記述と併用されることが一番多いのは写真である。近年はスマートフォンのカメラを使えば簡単にタイムスタンプや位置情報のついた写真を撮影することができる。写真を利用した日記法をフォトダイアリーと呼ぶ。
　フォトダイアリーには幾つかのやり方がある。

a.　テーマを指定しておく：「自分の好きな場所」、「自分の仕事場」、「車の掃除に使う道具」といったテーマを20前後あたえておき、そのテーマにそった写真を撮影してもらう。

b.　一日の行動を記録してもらう：調査したい行動を中心として、ユーザーが移動するにつれて目に入った「気の付いた場所やもの」を撮影してもらう。

c.　特定の人工物の利用を記録してもらう。

d．テーマとして決めた人工物を利用する際に気になった事などを細かく撮影してもらう。

　これらはいずれも、後に行うインタビューの素材として利用する。また、インタビューを実施する前に関係者で写真をざっと見ながら、ユーザーの考えていることを想像しながら議論することも有用である。インタビューでは、特にユーザーの感情の動き、すなわちポジティブな感情（うれしさ、よろこび、安心など）やネガティブな感情（不満、不快感、当惑など）に注意して話を聞くようにする。また、通常は予想されていなかった意外な利用法などについても話を聞く。このあたりのポイントは観察法における回顧的インタビューと同様である。ただ、観察法では、観察者としての調査担当者が必要であったのに対し、フォトインタビューの場合にはそうした「他人」がおらず、侵襲的でない点がユーザーの行動に自由度を与えるという利点がある。

　フォトエッセイは、いわゆる組み写真のことであり、フォトジャーナリズムの一つとして発展した形態である。複数の写真を組み合わせて、一つのテーマを表現したようなものである。フォトダイアリーと似ているが、撮影対象をあまり限定的に指定せず、旅行なり、桜見物なり、大括りのテーマについて写真を撮影してもらう。その撮影内容を後日見せてもらうことにより、フォトダイアリーよりも素直で自然な撮影者の気持ちを表現してもらえることが多い。この場合にも、回顧的インタビューは必須である。

　なお、カーターとマンコフ（Carter and mankoff 2005）は、HCI（Human Computer Interaction）の領域で、写真や録音、位置情報、物体などを日記と併用することが、筆者の記憶をどのように助けるかを調査し、その有効性を明らかにしている。ただし、テキストによる日記をまず記入するやり方は、その場で（in situ）正確な記入ができるものの、その入力に手間がかかる。反対に、まず写真を撮っておくやり方は、入力はその場で（in situ）簡単にできるものの、テキストを後で記入する（ないし、インタビューに受け答えする）ことになるため正確さにかける弱点がある。

2.2.7 DRM（Day Reconstruction Method）

　ここでは、ダイアリー法の一つであるDRMについて説明する。HCDなど設計の文脈で、ユーザーについての理解を深める目的でダイアリー法が使われるようになったのは、比較的最近のことといえる。カーネマン他（Kahneman. D, et al. 2004）は、DRM（Day Reconstruction Method）という手法を最初に提唱した。調査の前日のことについて質問するので、前日再構成法と訳してもいいだろう。彼らのやり方は、日常生活経験に関する心理学的評価を求めるもので、数種類の質問から構成されている。最初の質問では、「自宅における生活に、あなたはどの程度満足していますか」という問いに対して、とても満足している、満足している、あまり満足してい

ない、全然満足していない、という選択肢を選ばせたり、性別や生年、年収などを訊ねる。次の課題は、書式化された日記で、何時から何時まで何が起きてどんな気持ちだったかというエピソードを訊ねる（この部分はKurosu and Hashizume 2008 のTFD: Time Flame Diaryに類似している）。三番目のものは、個々のエピソードについての詳細を記入するもので、最後に前日の全体的気分や他人から見た自分のイメージなどを訊ねる。かなり量の多い調査になるが、45-75分で記入を終えたという。このような内容であるため、ユーザビリティやUXとは直接関係がなく、むしろ一般的日常経験の評価法と言えるだろう。

　カラパノス他（Karapanos. E, et al. 2009）は、このDRMを特定の製品に関連して、その日の夜、または翌日の朝、その日に起きた出来事をすべて書き出し、それぞれの活動について簡単な名称と所要時間を記録してもらう。これがその日または前日の再構成（reconstruction）である。それから三つの最もインパクトの強かった（満足ないしは不満足だった）経験を取り上げ、自分の感情や、満足や不満足の内容を具体的に書いてもらう。各々のエピソードについては、それが起きた状況や、それに対する気持ち、製品についての一時的な印象などについても書かせる。

　データの分析には、初期段階の手続きがGTA（Grounded Theory Approach　4.3.3を参照）に類似した内容分析（CA: Content Analysis）のコーディング手法によって行われる。すなわち、まず中核となりそうなテーマを特定するためにキーフレーズを抽出して適切なカテゴリーラベルをつけるオープンコーディング（open coding）を行う。次に、帰納的な見方と演繹的な見方を組み合わせて、オープンコーディングの結果をまとめるアクシャルコーディング（axial coding）を行い、カテゴリーをメインカテゴリーにまとめてゆく。次にメインカテゴリー同士をまとめてゆく定量的分析（quantitative analysis）を行う。この段階は、GTAではセレクティブコーディング（selective coding）と呼ばれているものである。

　この情報は、さらに、内容別に予期（Anticipation）、方向づけ（Orientation）、機能との結合（Incorporation）、同定（Identification）という大カテゴリーに分類される。この結果、得られたデータから時間軸上に構造化された情報が得られることになる。この最後の処理はいささか難解であるが、本書の文脈では、そうした流れをとる手法であるという程度に認識していただければ良いと思う。

　このやり方であれば、UXに関する経験的情報を集めることになるし、ユーザーの生活への侵襲度は強くないので、1〜2週間、継続して記録を依頼することも可能だろう。

2.2.8 カルチュラルプローブ

　ちょっと変わった調査法としても知られるカルチュラルプローブ（cultural probe）は、ゲイ

バー他（Gaver et al. 1999）が行った実験的なデザイン活動に始まるもので、人々の意識や文化を探るための新たな方法として考案された。ちなみに、プローブというのは探り針のことで、何らかの人工物を使って人々の間に潜在している文化を探り出そうとする意味で使われている。ゲイバーたちは欧州三地点で高齢者を集め、彼ら調査参加者に、絵葉書と地図、使い捨てカメラ、アルバムといったものが入った袋を渡して、彼らの文化的インスピレーションを刺激することにした。これらのものがカルチュラルプローブである。

　絵葉書は8-10枚程度で、裏面に「あなたにとって重要だったことを教えてください」とか「お気に入りの道具を教えてください」といった質問が書いてあった。これは実験参加者の人生や文化環境、技術についての態度を調べる質問である。地図は7枚あり、地域の環境に対する態度を調べるための質問が書かれていた。カメラは「あなたの自宅」、「退屈なもの」といった要望について撮影するために使われる。アルバムには、調査参加者の過去や現在の生活、家族などの写真を6-10枚入れてくれるように依頼した。このカメラを使う部分は、手続き上、フォトダイアリーに類似している。

　調査の行われたイタリアのペッキオーリという村では、高齢者センターを新設する計画が立てられていた。そのために、高齢者のことをもっと理解しようということが調査実施の目的だった。ただ、カルチュラルプローブは科学的な方法というよりは直観的・了解的な方法であり、「～だからどうすべきである」という結論を得る手法ではない。言いかえれば、得られた情報からデザイナーが直感的な示唆を得るための手法であるといえる。

　このカルチュラルプローブの手法は、当初は実験的な試みであったが、ユーザーの持っている文化、すなわち考え方や生活の在り方や問題点などを知るための有効な手法と考えられる。得られたデータをどのように処理するかまでは言及されていないが、少なくともプロジェクトメンバーの間に共通認識を持たせるためには有用であろう。また、プローブとしても、時刻表や観光案内、特産品一覧など、さまざまなものを目的によって使い分ければ良いだろう。特に大きなプロジェクトの場合には、こうした試みもくわえながら慎重に進めてゆくことが効果的と考えられる。

2.3 ユーザー調査における定量的手法

　ユーザー調査は、マーケット調査とは違うので、中心になるのは定量的手法ではなく定性的手法、特にインタビューである。ただ、クレスウェルの混合法の考え方（図2-2を参照）もあり、適切

に使えば定量的手法も有用なツールとなり得る。もちろん定量的手法だけでユーザー調査が完結することはユーザー調査においては稀なことと考えるべきだろう。

　定量的手法は、得られたデータを数値的に扱うものであり、典型的には選択型の質問紙調査がそれに該当する。言いかえれば任意の文章を書いて答えてもらう自由記述式の質問紙調査は、定性的手法で行えば良いので、基本的には除外して考える。

2.3.1 ユーザー調査における定量的調査の利用

　図2-2に示したクレスウェルの図ように、混合法では、定量的調査法の三つの使い方がある。まず、データの統合の場合には、最初に定性的調査を行い、その結果を分析して仮説を構築する。次いで、その仮説を統計的に確認するために、大量のサンプルを使ってデータを取る。その時の質問項目には、仮説を支持するような選択肢と、そうではない選択肢を入れておき、仮説を支持する選択肢がどの程度採択されるかを確認する。例えば、仮説が、対象者は毎日の食事の準備を重荷に感じているというものだったら、毎日の食事の準備は楽しい、毎日の食事の準備は大変だ、毎日の食事の準備は義務だと思っている、等の選択肢を提示して、該当するものを選ばせるといいだろう。この時、選択肢の一つだけを選ぶ択一式でなく、該当する選択肢にはすべて〇をつけさせるとか、程度に応じて、本当にそうだと思う、まあそうだと思う、あまりそうは思わない、まったくそうは思わないといった選択肢のうち該当するものを選ばせるようにしてもいいだろう。

　次は、データの結合の場合で、質的調査をやって、量的な調査をやるというものである。とはいえ、質的調査でとれるサンプル数は圧倒的に少ないので、同じインフォーマントに量的調査を行っても、信頼性のあるデータは取りにくい。したがって、量的調査では、別のインフォーマントに対して質問をすることになる。ここでは特に、質的調査では取りにくい情報を取るようにする。つまり、例えば、企業の旅費精算システムを対象にしている場合、質的調査では数人から十人程度のインフォーマントから詳しい情報を得るが、同時に、もっと多くの社内関係者に、そのシステムを利用しているかどうか、そのシステムの使い勝手はどうか、などを聞いておくのである。これにより、二種類のデータをまとめて関係づけることによって仮説を検証するのである。

　もう一つは、データの埋め込みの場合で、量的なサンプルとして集めたインフォーマントのなかから、数人から十人程度の人々を選び、質的な調査を行うわけである。一部分ながらインフォーマントが重なっているため、データの結合の場合よりは、質的な情報と量的な情報の対応づけはやりやすくなる。

第3章

チクエスチョンを作成していく必要がある。

3.1.3 焦点課題とリサーチクエスチョン（RQ）

　実際に調査を実施する前の準備としては、まず焦点課題の設定を行い、何について調査をするのかを、調査の前に明確にする。インタビューの目的を設定した後、その目的にもとづいて質問項目を作成する。これをリサーチクエスチョン（research question）、略してRQともいう。RQというのは、質問する内容をあらかじめリストアップしておくもののことで、通常は15項目から20項目程度を箇条書きにして用意し、内容ごとに整理しておく。これらは、質問項目そのものではないため、それを読み上げてインタビューするようなことはせず、相手やその場の雰囲気に合わせて、適宜言い換えをしながら利用する。

　ユーザー調査をする際には、業務での目標、つまりビジネスゴールが存在する。何のために調査をするのか、何を知りたいのか、何を明らかにすればいいのか、という目標をしっかりと事前に確認し、明確にしたうえで、関係者間で共有しておく必要がある。ユーザー調査の準備の際には、ビジネスゴールを念頭におき、それを反映させながらRQを設定する。RQを作成する際には、ビジネスゴールに含まれている重要な事項、関連性がある事項をリストアップしていく。ユーザー調査を実施する際には、ビジネスゴールやRQを常に頭に置き、インフォーマントの発話の意味をきちんと理解し、その重要性を意識しながら、内容を整理していく必要がある。

　RQを作成する際のポイントとして、まず、ユーザー調査がどのような目的、つまりビジネスゴールにもとづいて行われるかを理解しておくこと、ユーザー調査によって何を明らかにしようとしているのかを理解しておくことが重要となる。RQの項目を設定する際には、ユーザー調査の結果をイメージする必要がある。その時、報告書の読者を想像し、彼らがどのようなことを知りたがっているのかを考えながら、アウトプット形態をも想定しながら項目を設定する。さらに、RQの項目には、粒度の大きすぎる項目と細かすぎる項目が混在しないように、例えば大きすぎる項目は、あらかじめ分割し、全体の粒の大きさをそろえておくようにする。RQを作成する際には、必要な内容を網羅できているか、RQから得られるであろう調査結果に漏れがないかなどもあらかじめ確認しておく。

　実際にユーザー調査を行ってみると、その時間配分や推移によって、全部のRQを質問できなくなることもあるため、RQについては、その内容の重要度をあらかじめ設定しておき、オプション的な項目は、調査の時間が不足してきたら飛ばすなどの対応がすぐにできるよう、重要さに応じて二重丸や丸印をつけるなど、事前に区別しておくとよい。

　実際にインタビューに入ったら、リサーチクエスチョンの前に、インフォーマントのライフヒストリーをさしつかえない範囲でお聞きするようにすると、焦点課題に対する回答を解釈する上で、

役に立つことが多い。インフォーマントがこれまで、どのような生活をしてきたかという「ライフヒストリー」を、インタビューの最初に聞いておき、ライフヒストリーに関して、一般的な質問をするほかに、人生の転機に該当するような出来事やこれまで起きた出来事、それに伴う行動が、どのようなもので、どのような考えに基づいてされたものだったのか、という点を把握するとよい。

　調査を実施する際には、RQにリストした順番通りに質問していく必要はなく、さらにそこに書いておかなかったけれど、重要だろうと思えることがあれば、それを質問に追加しながら行う。このような柔軟なインタビューのやり方を半構造化インタビューという。インタビュー調査は、その場の構造をどの程度明確にするかによって、構造化インタビュー、半構造化インタビュー、非構造化インタビューというように分けることもできる。構造化インタビューは、あらかじめ用意された質問項目（RQ）を指定された順番に尋ねるものである。決まった質問を、決まった順番でしていくため、アルバイトを使って調査をするような場合などに利用されるケースが多い。半構造化インタビューは、リサーチクエスチョンを用意しておく点は同じだが、構造化インタビューとは違って、質問の順番は場面に応じて変更できる。半構造化インタビューでは、興味深い内容が出てきた場合や重要な情報について、掘り下げて深く話を聞くこともできるため、HCDにおける利用状況の調査には、半構造化面接が最も適しているといえる。非構造化インタビューは、あらかじめ質問内容を固定しておかず、自由な発話を得る方法のため、予想外の情報が得られることもあるが、一般に長い時間を必要とする。すでに、一度の調査の目安は2時間程度にしましょうと書いたが、それに収まりきらないようであれば、2回に分割して調査を行うことを考えるべきである。

　ユーザー調査の結果を分析してまとめる際には、調査から明らかになった事実と、自分の予想や期待とを明確に区別し、調査結果だけにもとづいて報告を作成する必要がある。当然、報告内容はその後のビジネス活動の方向性を左右する重要なものとなるため、ビジネスゴールに適合した形で結果を分析することが求められる。

3.2 調査の事前準備

3.2.1 目的に応じたリクルーティングやサンプリング

　インタビューの対象者、これは情報提供者という意味でインフォーマント（informant）というが、この人達を集めることをリクルーティング（recruiting）という。リクルーティング、つまり、どのようにしてインフォーマントを探しだすかは、知り合いを頼るのが容易であるが、第三者の

なかから選びたいという場合には調査会社やリクルーティング会社に依頼するというやり方がある。ただし、この場合には、謝礼に加えて、リクルーティングをしてくれる会社の取り分として、10,000〜20,000円程度がかかることを予定しておかねばならない。以前、筆者がオートバイのライダーを都内で探してもらったときには、探すのが大変だということで一人に付き130,000円を請求されたことがある。謝礼としては、調査時間を2時間として、学生であれば5000円程度、一般人であれば10,000円程度が適当と思われるが、医師や弁護士などの専門職の場合には2〜30,000円程度が必要だろう。学生が研究のために行う調査であれば、500円程度の文具やお菓子等でもいいだろう。

　ユーザー調査の場合、インフォーマントはユーザーと同じことになる。リクルーティングにおけるポイントとしては、まずビジネスゴールから設定される調査目的に適合した特性を持ったインフォーマントを選ぶことが必要となる。製品やサービスのメインターゲットとなり得る性別や世代、経験などさまざまな条件を設定し、リクルーティングを行う。その際、ユーザー調査の目的を考慮し、インフォーマントに求められる条件の妥当性を確認しながら、ターゲットとするインフォーマントを選定する必要がある。

　インタビューのような質的手法では、アンケート調査のような量的手法とは異なり、一回ごとの調査に時間がかかるため、大規模なサンプリングを行うことはできない。HCDの利用状況調査では、対象とする人工物やターゲットとするユーザー層にもよるが、一つのテーマについて、インフォーマントはおよそ数名から多くても15名くらいの範囲で、調査を実施する。人数が限られているだけに、インフォーマントをどのように選ぶか、つまりサンプリングには注意が必要となる。

　現場、つまりインフォーマントの自宅や仕事場を訪問して調査を行う場合には会場費はかからないが、会場インタビューを行う場合には会議室などの会場費を用意しておく必要がある。自社の会議室を利用することもあり得るが、その場合は調査主体がどこであるかがインフォーマントに知られてしまうことになるので、調査主体を秘匿したい場合には、あえて外部の会議室をレンタルしたほうが良い。

3.2.2 理論的サンプリングの考え方と計画・準備

　理想的には、理論的飽和という段階に至るまでインタビューを続けることが望ましいとされる。つまり、新たなインフォーマントにインタビューを行っても、それまでに得られている情報と同じような情報しか得られなくなるような飽和した感触が得られるまで、サンプリングを続けてインタビューを続けるのがよい、という考え方である。ただし、ビジネス場面においては、ユーザー調査を行う段階に充てられる時間的制約があるため、あらかじめ「ちょっと多いかな」と思える程度の人数をサンプリングしておくことで、この点に対処するのが現実的と言える。

　予備的な調査や練習であれば、社内の異なる部署の人達に協力してもらうのでも構わないが、本番のユーザー調査の際には、その目的に合った適切な特性をもったインフォーマントを一般から募集して、協力をお願いする必要がある。

　インフォーマントの選定条件とサンプリング条件が決定したら、大規模なデータベースをもっている調査会社にサンプリングを外注するのも、一つの方法である。なお、高齢者をリクルーティングする際には、さらなる配慮を要する。高齢者の多くは、思考プロセスや発話、動作等がゆったりしていることが考えられるため、若年者の場合の二倍くらいの時間がかかることが多い。また身体に不調を抱えている高齢者も多いので、集まってくる高齢者は比較的元気な人々に限られるという点にも留意する必要がある。そのことを想定して、必要に応じて休憩をはさみながら行えるよう、余裕を持った調査設計をするようにするとよい。また、前述したようにインタビューを二回に分けて行う、という対応も考えられる。

　また、調査の所要時間の決定も行う必要がある。インフォーマントの疲労に配慮して、所要時間はおよそ2時間を上限とするが、その限られた時間での時間配分についても考えておく必要がある。

3.2.3 予備調査の実施

　ユーザー調査を実施するときには、かならず予備調査ないし練習をしておくべきである。一つには調査に必要なことを覚えておくため、またもう一つには調査の手順に慣れておくためである。できれば、社内の同僚などを相手にして、フルセットで予行演習をしておくと良い。こうすると、RQの内容を改めて整理して頭に入れておくことができるだけでなく、RQの不首尾な点、つまり質問順序の不適切さや質問項目の欠落などに気がつくことがある。

3.2.4 フィールド（場・時）の選定

　まず予備調査の場合であれば、家庭訪問をする場合でも職場訪問をする場合でも、場所に関しては自社の会議室のような場所で構わないだろう。予備調査の目的は、RQの適切さを確認し、インタビューアーや同席者がその手順になれておくようにすることだからだ。

　しかし、本調査の場合には、文脈における質問を実施するために、可能なかぎりインフォーマントが当該人工物を利用する現場に赴くようにしたい。そのためには、個別に知り合いをあたるのではなく、リクルーティング企業に謝金と調整費用をあわせて支払って、適切な人を探してもらうのがいいだろう。一頃までは、ネットがまだ十分に普及していなかったので、リクルーティング企業に人探しをしてもらうと、ネットリテラシーやハイテクリテラシーが、ある一定以上の水準の人たちだけが集まる傾向があった。しかし、現在では、一部の高齢者を除いて、ネットやパソコンや

を以下のように列挙しているが、これは、考えようとすればこれだけの人々が関係するだろうというリストであって、常にこれらの人々のすべてが設計開発チームに参加しているわけではないし、時には一人の人物が複数の役割をこなしてしまうこともある。

a. 人間工学、ユーザビリティ、アクセシビリティ、ヒューマン・コンピュータ・インタラクション、ユーザリサーチ

b. ユーザ及びその他のステークホルダグループ（又はその視点を代表できる者）

c. アプリケーション分野の専門知識、関連領域の専門知識

d. マーケティング、ブランディング、販売、技術支援及び保守、健康及び安全

e. ユーザインタフェース、ビジュアルデザイン、プロダクトデザイン

f. テクニカルライティング、研修、顧客支援

g. ユーザの管理、サービスの管理及びコーポレートガバナンス

h. 経営分析、システム分析

i. システム工学、ハードウェアに関わる工学及びソフトウェア工学、プログラミング、生産・製造及び保守

j. 人的資源、持続可能性及びその他のステークホルダ

　こうした役割は関心を持つ側面や価値観の違いにつながり、企画担当者は市場で売れるものを考えようとするし、エンジニアは新しい技術を適用して人工物の特長づけをしようとする。デザイナーは新しいコンセプトを考え魅力的な外観形状を作り出そうとする。ユーザビリティやUXの担当者は、ユーザーの代弁者となり、ユーザーのためになるものを作り出そうとする。そしてユーザーは、日常の業務や生活のなかで、人工物の価値を享受し、あるいはその使い方に悩んだりしているのである。

　当然、こうした関心の持ち方や価値観の違いは、製品やサービスの設計開発において異なる気づきをもたらす。このなかで、もっとも発言権の弱いのはユーザーであり、彼らはその声を設計開発の流れに届けようとしても、通常は直接のタッチポイントがないため、ユーザビリティやUXを担当する人々を経由して、彼らに代弁してもらうことになる。企画担当者やエンジニアやデザイナー、そしてユーザビリティやUXの担当者は会議で自説を主張することができるが、ユーザー自身にはその機会が与えられていない。そこにユーザー調査を実施するユーザビリティやUXの担当者の存在意義と責任がある。したがって、ユーザーの気づきを的確にひろいあげ、集約し、他の関係者に伝達して理解させることは、ユーザー調査担当者の重要な役割となる。

4.2.3 現場から得られる気づき レトロスペクティブな方法

　筆者は、しばしば現場主義、当事者主義という言い方をする。人工物が利用される現場から得られる情報を重視すべきだし、そこで利用している当事者たるユーザーの身にならないと、ユーザー調査担当者として的確な情報を得ることはできない。

　現場で当事者から情報を得ることについては、1.4.1で説明を行った文脈における質問においてホルツブラットが強調している点でもあるが、必ずしも常に現場観察が可能なわけではない。現場がとても遠方であったり、プライバシー意識からユーザーがそこに来られることを嫌がったり、また機密保持の観点からそこに入ることができなかったり、医療現場のように観察者が邪魔な侵入者になってしまうことがあったり、様々な理由から現場への立ち入りが難しいことがある。また、もし現場に入れたとしても、家事のような小規模な作業であれば観察範囲は狭くて済むが、オフィス業務の現場のように複数の役割をもった人々が混在している場合には、一人二人の観察者の視野には業務全体が収まりきらないこともある。さらに観察では、職場に目に見えない形で存在している筈の数々の規則や文化、そして多数の書類なども見ることができない。こうした理由から、文脈における質問は、優れた手法だとは思うが、同時にその限界も意識しておくことが必要だろう。

　そのような限界を多少なりとも打ち破ってくれるのが、その時その場にはなかった事柄に関する記憶である。レトロスペクティブ（回顧的）な手法はインタビューではしばしば用いられているが、インフォーマントの記憶のなかにある出来事をふりかえって語ってもらうことは、現場主義の制約を破るための効果的な手法である。しばしば述べているように、記憶にはその内容を歪曲したり、忘却してしまったり、編集してしまうといった課題もあるが、何らかのきっかけを作って回顧モードにはいることはインタビューの幅と深さを増すことに役にたつものである。

4.2.4 気づきからの課題抽出（本質的、潜在的意味性）

　インフォーマントは必ずしも本当のこと、本当に重要なことを語ってくれるわけではない、ということはインタビューを経験した人ならだれでも思い当たることだろう。そこにインタビューアーの直観や洞察が重要である理由があるのは前述したとおりである。しかし、何が本質的な情報であるかは、インタビューをしているその時その場ではわからないことも多い。インタビューを終えて分析モードに入ってから、ああ、あの話はここにつながるんだ、これだからあの時のような発話になったんだ、といったような気付きを得ることは往々にしてある。しかし、たいていの場合、インフォーマントは既に眼前から去ってしまっており、再確認をすることが難しい。まして、潜在的なことがらになれば、時として精神分析のような解釈をして、はじめて納得できるような場合もある。

　本当に意味あることかどうかは、インタビューの場では必ずしも分からないものだ‥ということを胸に刻み、限られた時間のなかで、また限られたリサーチクエスチョンのなかで、できるだけ幅のある情報を得て、得られた情報を裏返して確認する（例えば肯定形で語られたことを否定形で確認するとか、ちょっとずれた話題をわざと持ち出すとか）といったことも時には交えながらインタビューを行ってゆくことが必要になる場合もある。

4.2.5 顧客提供価値からのトップダウン、アイデアからのボトムアップ

　HCDにおける設計開発のための調査では、顧客が提供してくれる情報を第一義的に尊重することは当然であるが、インタビューアーの想像力をその範囲にとどめておかず、そこから飛翔して、それだったらこういうこともあるのではないか、それが指摘されたならこういうことも考えられるのではないか、という具合に、演繹的、つまりトップダウンに視点を拡大することも重要である。また、その反対に、いろいろな情報から帰納的に、つまりボトムアップに視点を集約していくことも重要である。

　このような心理的プロセスは、発想法の一つとして知られているオズボーン（Osborn 1953）のチェックリストを、インタビューの最中に実践することと言ってもいいだろう。このチェックリストは、

a.　他の目的に使えないかを考えてみる。そのままではどうか。変形や改造をしたらどうか。

b.　作りかえをしてみる。似たものは他にないか。これはどういうものか。過去に似たものはないか。

c.　変形してみる。新しい視点を与えてみる。色や音やにおい、意味、動き、形を変えてみる。

d.　拡張してみる。何かを追加したり、時間や頻度、高さや長さ、強度について拡張したりする。

e.　縮小してみる。何かを取り去ったり、小さくしたり、低くしたり、短くしたり、軽くしたり、省略したり、分解してみたりする。

f.　置き換えてみる。違う成分を使ったり、違う材料や違うプロセス、違う場所、違うアプローチ、違う音、誰か他の人にしたりしてみる。

g.　再構成してみる。要素を入れ替えたり、パターンや系列やレイアウトを変更してみたり、ペースやスケジュールを変えてみたり、因果関係を逆転してみたりする。

h.　ひっくり返してみる。反対にしてみたらどうか、逆向きにしてみたらどうか、役割を入れ替えてみたらどうか。靴を変えたり、テーブルをひっくり返したり、他方の頬を出してみたり、プラスとマイナスを入れ替えてみる。

i.　組み合わせる。ユニットや目的やアピールやアイデアを組み合わせてみる。ブレンドしてみ

たり、合金にしてみたり、アンサンブルにしてみたりする。

　このような項目からなるリストである。このリストにあるように、上から下に、横方向に、下から上に、表から裏に、あるいはその逆に、という具合に発想をめぐらすことは、インタビューに深みを与えてくれるだろう。

　ただし、そうした作業には時間が必要となる。相手の話を聞きながら次に質問する内容を考えるというような二重課題的な認知作業がインタビューアーには求められるが、時には、ちょっとした間をあけて考えをめぐらすこともよいだろう。立て続けに質疑応答を繰り返すのでは、インフォーマントもインタビューアーも疲れてしまう。インタビュー中の沈黙を避けたいという気持ちがでてくるのは当然のことではあるが、あえて5秒とか10秒の間をとり（30秒や1分では長すぎる）、その間にすばやく発想をめぐらせるというテクニックを身に付けることは大切だろう。

4.3 ユーザー要求の分析方法

4.3.1 ユーザー要求の分析手法

　インタビューの調査データからユーザー要求を分析する手法には、さまざまなものがある。本書では、親和図法（KJ法）、GTA/MGTA、SCAT、ワークモデル/エクスペリエンスモデル、上位下位関係分析法、KA法について解説を行う。誇らしいことに、GTA/MGTAとワークモデル/エクスペリエンスモデル以外は、日本で開発された手法である。ただし、6章の実例については、紙数の関係もあり、親和図法、SCAT、ワークモデル/エクスペリエンスモデルだけを取り上げて説明する。

4.3.2 親和図法（affinity diagram method）

（1）KJ法と親和図法

　類似のものをまとめてグループ化したりカテゴリー化しようとする傾向は、人間に備わっている基本的な心性と言えるが、科学の方法としてそれを体系化したのが文化人類学者の川喜田二郎（1920-2009）である。自分のイニシャルをとってKJ法と名付けられたその手法（1967, 1970）は、もともと多様なデータが大量に収集される文化人類学的な調査において、それらを整理し、新たな発想を生み出すために開発されたものである。つまり発想法、言いかえればアブダクション（abduction）のための手法なのである。

ルが多数の著作によってGTAを紹介しており、ストラウスのアプローチが看護学や作業療法などの領域にかなり浸透している。これらの著作のうち、考え方を理解するには戈木クレイグヒル（2005, 2006）が、また手順を理解するには戈木クレイグヒル（2008）が良いだろう。

(2)ストラウス流のやり方

　次に戈木クレイグヒルが紹介しているストラウス流のやり方を説明する。図4-2にその流れを示す。

(a)データを読みこむ

　GTAの最初のステップはデータをきちんと読むことである。また、書き起こされたテキストデータは、基本的に調査を実施した当人が分析すべきである。テキストに書かれていないフィールドワークの場の雰囲気や環境に関する情報は、調査者の記憶に残されているはずで、そうした補足的な情報がデータの解釈には有用だからである。

(b)切片化

　テキストの内容が頭に入ったら、次にデータの切片化（fragmentation）を行う。切片化というのは、テキストを、その中に含まれているひとつひとつの要素的な固まり（切片）に分割していくことである。一般に、発話のなかで接続詞として区切られる範囲は一つの単位となることが多い。ただし、すべてのデータを使う必要はない。すべてのデータを切片として利用し尽くそうとすると、重要でないデータや必要のないデータも混じってしまう結果となり、その後の分析ステップ

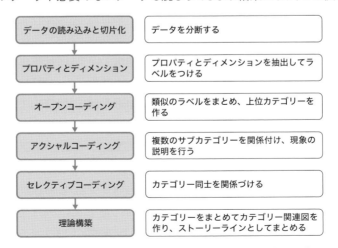

図4-2　GTA（ストラウス流）の手順（戈木クレイグヒル（2006）から図式化）

で途方に暮れることになる。

　GTAでは、説明のなかで使われている専門用語が硬すぎるという問題があり、それがこの手法の普及の足かせともなっているのだが、この切片化にしても、要素への分割とか要素の抽出、とでも命名すればもう少しイメージがしやすくなるだろう。切片化の具体的なイメージとしては、親和図法における発話内容からの切り出し作業を思いだしていただければいいだろう。具体的事例についての5.3.2の表5-3で太字になっている部分を切り出すこと、これを切片化と考えれば良い。

　なお、切片化について理解困難なのが脱文脈化ということである。戈木は「データを分析するうえで重要なことは、収集されたデータそのものが何を語っているかに注目することです。初めからテーマや視点をもってデータに臨むと、データ本来の内容がみえにくくなり、どうしても主観的な分析になってしまいます。切片化という仕掛けによって文脈から自由になることで、自分の主観にも、前後の文脈にも左右されず、データ本来の意味を客観的に理解することができるのです（戈木 2005, p.97）」と書いている。ここは注意が必要なところで、あまりにも脱文脈化をしてしまうと、一般的な表現になりすぎてしまう。それをもって「客観的」というのは、いささか表現が強すぎるのではないかと筆者は考えている。あまりにインフォーマントに固有な特殊事情が語られている場合には、それを削除することも必要だろうが、「新宿駅の雑踏のなかにいると息苦しくなってしまう」のような切片の場合には「新宿駅」を削除することも可能なのだが、新宿駅の特異性を表現しており、それが大塚駅とは異なるものを表現していると考えると残しておきたい気持ちもするのである。要は、インフォーマントの発話全体で、新宿駅というものが注目すべき対象であれば残し、そうでなければ削除する、ということになるだろう。

(c) プロパティとディメンジョン

　次に、切片化したデータをもとにディメンジョン（dimension）として抽象化し、さらにそれをプロパティ（property）に整理する。ここも用語が難しいが、プロパティは特性という意味で普通に使われているから問題ないにしても、ディメンジョンは通常は次元と訳して使われている。特性のなかに次元が??となるだろうが、英語のdimensionには、要因とか要素、特質といった語義があり、ここではそうした意味で使われている。つまり、プロパティにおけるディメンジョンというのは、ある特性のなかにおける様相、とでも理解しておけばいいだろう。いいかえれば、感情というプロパティのなかには、喜びや悲しみ、怒りといったディメンジョンがあるように、任意のプロパティのなかには多様なディメンジョンあるいは選択肢があり得る、ということである。

　プロパティとディメンジョンは密接に関係しているので、実際には両方を同時に整理していくと考えて良いだろう。例えば次のように切片化されたデータ

　　「私も年をとっちゃって、物覚えは悪くなるし、機械の操作なんか分からなくなるし」

からは、「年齢」というプロパティについて「高齢」というディメンジョンが、「記憶」というプロパティについて「低下」というディメンジョンが、「機器操作」というプロパティについて「わからない」というディメンジョンがそれぞれ抽出される。また発話には含まれていないが、「年齢との因果性」というプロパティについて、「高齢になったため能力が低下したという意識」といったディメンジョンを抽出することもできる。要するに、プロパティというのは文字通り「特性」のことであり、その特性が取り得る「値」や「内容」のことがディメンジョンということである。

(d)ラベル

　　ラベル（label）とは、そうしたプロパティとディメンジョンの集合から構成される発話の内容を抽象的に命名したもので、先の例でいえば「高齢化による認知能力の低下」といったあたりになるだろう。なお、ラベルにはできるだけプロパティとディメンジョンに出てきた単語を用いるのが良いとされている。それがデータにもとづいた（grounded）ということになるからである。

(e)オープンコーディング

　　GTAには3種類のコーディング（coding）があるが、そもそもコーディングという用語は（間違っているわけではないが）、いたずらに敷居を高くするもののようになっていると言える。もっとシンプルにグルーピングでも良かったのではないかと筆者は考える。何か衒学的なにおいのするところが、筆者が個人的にGTAを好んでいない理由である。

　　それはともかく、このようにして、切片化したデータを抽象化したら、次にオープンコーディング（open coding）に入ってカテゴリーの生成を行う。ここでは、ラベルとその下に付属しているプロパティとディメンジョンをまとめて取扱い、類似したラベルをあつめてグルーピングし、そのグループに名前を付ける。それがカテゴリーである。この段階はカード化した方がやりやすいだろう。4.3.2で説明した親和図法でいえば、カードのグルーピングに相当する。

(f)アクシャルコーディングとセレクティブコーディング

　　これ以後の段階も、親和図法をイメージしておくと考えやすいだろう。まずこのアクシャルコーディングの段階で複数のラベルはカテゴリーにまとめられており、それが幾つか存在する状態になる。そこで、アクシャルコーディング（axial coding）の段階に入り、カテゴリーの相互比較を行う。アクシャルというのは軸のことで、軸足コーディングとも言われるが、このあたりの難解な用語の使い方に筆者は反感すら感じる。

　ここでは、まず複数のカテゴリーを上位のカテゴリーにまとめて行く。言いかえれば、後者が
カテゴリーであるのに対し、前者はサブカテゴリーという位置づけになる。さらにそれらのカテ
ゴリーのなかで中核的な位置を占めるものを見つけ、それをコアカテゴリー（core category）
と呼ぶ。言いかえると、多数のカテゴリーは、コアカテゴリーを軸足として、それに関連付けられ
ることによって意味をもってくることになる。なお、カテゴリー間に関連づけを行う作業はセレク
ティブコーディング（selective coding）または選択的コーディングと呼ばれる。
　たびたびで恐縮だが、親和図法でいえば、カテゴリーの統合作業に相当すると言えるだろう。

(g)カテゴリー関連図とストーリーライン

　こうして関係づけられたカテゴリーを有向グラフの形で表現したものがカテゴリー関連図であ
る。カテゴリー関連図の内容をテキストにして表現すると、オリジナルデータに含まれていた情
報を抽象化して表現したテキストが作られる。これをストーリーライン（story line）といい、調
査者以外の関係者にフィールドワークの結果を説明する際にその理解を容易にする。HCDにお
ける利用状況調査では、要求事項を表現したものにもなる筈である。

(3)M-GTA

　木下康仁（1999, 2003）は、ストラウスとグレーザーの考え方の相違点を分析し、それに独自
の観点を加えることで、M-GTA（Modified GTA）という方法を提案している。この手法は幾つ
かの特徴を持っているが、最大の特徴は、データの切片化よりも、その解釈を重視したコーディ
ングを行う点にある。これはデータに基づいて厳密な分析を行おうとしたグレーザーのアプ
ローチの対極に位置する特徴だが、M-GTAの使いやすさを高める結果にもなっている。
　この点について木下は、「データを解釈する際のリアリティ感や手応えが重要であり、それは一
種の感覚的経験によって「わかる」という経験をするのと同質のものである」と言っている。この
あたりの表現はKJ法の創始者である川喜田二郎の言い方と類似していて興味深い。

(a)重要そうに見える箇所の抽出

　具体的な手順としては、戈木クレイグヒルの紹介しているやり方と同様に、最初はデータを読
み込んで理解する。そして切片化の代わりに、データの中にある「関連性のありそうな箇所」に注
目する。これは「重要そうに思える箇所」と言ってもいい。これがM-GTAにおけるオープンコー
ディングの最初の段階である。この作業については恣意性の入る危険性があるため、スーパバイ
ザに同席を求めるか複数で作業を実施するのが良いとされている。

（b）命名と概念化

　こうして摘出した箇所に名前をつけ、概念生成に入ってゆく。木下は「データのある箇所に着目し、その意味の理解から類似例の比較を他のデータに対して行い、その結果により概念を精緻化していくのが修正版の基本的な流れである」と述べている。命名の際には、まず着目したデータの意味をじっくり考え、それを適切に表現する概念を考えるようにする。ただしあまり抽象度を上げすぎると、セレクティブコーディングでカテゴリー間の関係を検討する際の障害となる。図4-3は概念生成のモデルである。生成された概念が他のデータにも適用され得ることを示している。

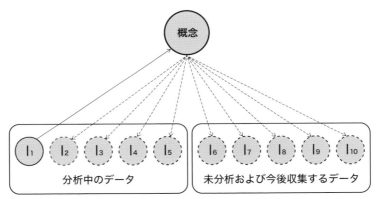

図4-3　M-GTAにおける概念生成のモデル（木下 2003）

（c）セレクティブコーディングによるカテゴリー生成

　概念間の関係を分析するセレクティブコーディングでは、個々の概念について、他の概念との関係をひとつひとつ検討してゆく。その作業の結果として、複数の概念の関係で構成されるカテゴリーが生成される。なお、M-GTAでは、コアカテゴリーは無くても良いとされているため、アクシャルコーディングは行わない。すなわち、コアになるカテゴリーを否定しているわけではないが、カテゴリー間の関係で現象が説明できればそれで良いと考えているのである。M-GTAにおける分析法をまとめると図4-4のようになる。

（d）カテゴリー関連図とストーリーライン

　カテゴリーが得られたら、その関係性を分析してカテゴリー関連図を作成する。これは単にカテゴリーを並置したものではなく、一つの動的な関連性が見えるようなものにするべきである。ここからストーリーラインに至る流れは、戈木クレイグヒルの説明したGTAの場合と同様である。

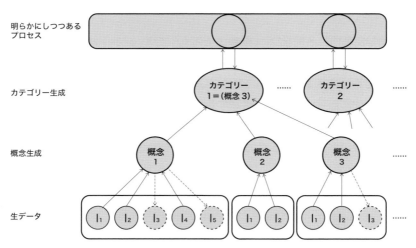

図4-4　M-GTAにおける分析法（木下 2003より）

4.3.4 SCAT

　大谷尚（2007）は、簡素で効率的な質的データの分析手法としてSCAT（Steps for Coding and Theorization）を提唱している。

（1）SCATの概要

　この手法では、まず観察や面接におけるテキストデータをセグメント化し、それぞれのセグメントについて、「〈1〉データの中の注目すべき語句の抽出」、「〈2〉それを言い換えるためのデータに含まれていない語句の選定」、「〈3〉それを説明するための語句（テキスト外の概念）の選定」、「〈4〉前後や全体の文脈を考慮した時にそこから浮かび上がるテーマや構成概念の検討」という4ステップでデータ分析を行う。「〈5〉の疑問や課題」は任意であり、気の付いたときに記入すれば良い（大谷 2007）。

　この4ステップの操作を平易に言い換えると、〈1〉ぬきだす、〈2〉いいかえる、〈3〉さがしてくる、〈4〉つくりだす、となる（大谷 2019, p.300）。この4ステップの操作は、データを脱文脈化すること（一般化することと考えてよい）に相当する。なぜ脱文脈化しなければならないかについて、大谷は「テキストの文脈の制約から解放されつつ分析を進める」ためとしており、いいかえれば「表層のできごとの文脈」から「深層の意味の文脈」に入っていくためである、としている。

　なお、ここでセグメントというのは、発話の切れ目までのことで、その中に複数の内容がある場合には更に複数のセグメントに分割する。データ分析を終えたら、ストーリーラインを記述し、そこから重要部分を抽出した理論記述を行う。ここのストーリーラインの記述によって、上記4ス

表4-1　MS Excelを使ったSCATの記入用紙

番号	発話者	テクスト	〈1〉テクスト中の注目すべき語句	〈2〉テクスト中の語句の言いかえ	〈3〉左を説明するようなテクスト以外の概念	〈4〉テーマ・構成概念（前後や全体の文脈を考慮して）	〈5〉疑問・課題

テップで脱文脈化された情報は、再文脈化されることになる。

（2）SCATのやり方

　SCATについて大谷は、表4-1のようにMS Excelの使用を推奨している。

（a）セグメント化する4ステップ

　基本的には、テクスト（これは聞きなれない表現かもしれないが、何らかの分析対象とする文字列や文章のことを意味するポストモダン等の分野特有の言い回しであり、ここではテキストと同じことと考えてよい。もちろん英語にすれば区別はつかない）の部分に聞き手と語り手の発話を交互に記入していくことになるが、語り手の発話内容が連続して複数の内容を含んでしまうような場合（複数のセグメントがある場合）には、次の行にも語り手の発話を記入することになる。

　作業の進め方としては、まず〈1〉をデータ全体についてやってしまい、次に、一行ずつ〈2〉〈3〉〈4〉とやってゆくか、〈2〉を全体を通してやり、それから〈3〉を全体を通してやり、〈4〉を全体を通してやる、という具合に進めてゆくやり方が考えられるが、大谷（2019）は、それらは適宜混ぜながらやってしまって良いと書いている。

〈1〉テクスト中の注目すべき語句

　〈1〉の「テクスト中の注目すべき語句」については、それほど困難はないだろう。それぞれの発話の塊のなかで重要だと思う部分、例えば調査テーマに関わる語、気になる語、疑問に思う語、理解できない語や語句、あるいは文字列を書き出していく。〈1〉に書き出しておかなければ〈2〉以

降に使えないのではないかと思うと、多めに書き出してしまいがちだが、〈1〉はいくらでも後で書き足してよいので、初めはできるだけ少なく書き出すのが良い。発話データから〈1〉に書き出すときは、発話の通りに書き、改変はしないように注意する必要がある。例えば、発話に「ひどい状態ではなさそうだ」とあったとき、これを〈1〉に「ひどい状態ではない」と書くべきではない。なぜなら、「なさそうだ」という点に意味があったり、それが重要なこととなり得たりするからである。

〈2〉テクスト中の語句の言いかえ

　〈2〉は〈1〉ででてきた語句を抽象的ないいまわしに置き換えることであり、思いつく範囲で書き込めば良いとされている。これも、そんなに難しくはないだろう。例えば、〈1〉に「すれ違い」があったら、〈2〉には［相違］［不整合］［不一致］などだけでなく、［行き違い］［食いちがい］［ミスマッチ］［ズレ］［ちぐはぐ］等を考えればよい。ただし、たくさん思い付いたからといって、それをすべて書くのは適切ではなく、思い付いたものの中には、その発話の内容をよく表していないものがあるだろうから、〈2〉に書くべきではない。〈2〉に書くのは、〈1〉の「可能な限り多くの言いかえ」ではなく、〈1〉の内容を「よく言い表している言いかえ」ということになる。このときに、類義語辞典を使おうとする人もいるが、言語を使った分析というものは、あくまで、自分の持っている語彙の中で行う作業なので、自分の語彙に無いことばをどこからか探してきて〈2〉を埋めても、自分の使えないことばで埋めてしまったことになるので、あまり良いことではない。

〈3〉左を説明するようなテクスト外の概念

　難しいとすれば、〈3〉と〈4〉だろう。〈3〉ではまず〈2〉に記入した語をみて、そのデータの流れで説明することのできる概念や語句や文字列を記入していく。〈3〉に記入した概念が別の部分にも記入できないかとか、関連語や類義語がないかを検討したり、概念の対立概念を別の部分に探して変化や対照を把握したりする。これによって〈2〉に記入した語の背景や条件、原因、結果、影響、比較、特性、次元（縦横高さや時間の広がり）、変化などを検討することができる。〈3〉でも、〈2〉にある一つの語句に対して、複数を書いても良いし、複数の〈2〉の語句に対して一つを書いても良い。その際、一般的な概念、学術的な概念など、多様なものを用いてよいが、分析者自身がそれまで知らなかった専門的概念なども、インターネットや文献で積極的に探しながら記述していくと良い。適切な言葉を探すためには、テクストを主体的・積極的に解釈して、それを概念化する姿勢が必要となる。SCATではコーディングによって概念化していくので、〈1〉〈2〉〈3〉〈4〉のすべてを名詞あるいは名詞句で書くことが望ましいとされている。この〈3〉の作業は、〈2〉で一般化した概念をさらに拡張するためのものであり、〈2〉よりもさらに脱文脈化が進むと考えればよいわけである。

〈4〉テーマ、構成概念

　〈1〉から〈4〉の作業のうち、おそらく一番苦労するのが〈4〉だろう。〈4〉では、前後や全体の文脈（脱文脈化している文脈はインフォーマントの発話固有の文脈のことで、ここでは〈3〉における文脈を考慮することと考えれば良い）も考慮して、〈1〉から〈3〉までにもとづいて、それらを表すような「テーマ、主題、タイトル」を〈4〉に、名詞あるいは名詞句で書いていく。その際、最初に思い付いたものが最適とは限らなので、一つのことばを思い付いたらすぐにそれを書いてしまうのではなく、そのことばを含めて、それに類似する概念などを10種類くらい思い浮かべ、その中から最適なものを選んで書いていくようにすると良い。また、〈4〉では、新たな「構成概念」を創り出して記入することに努め、新しいことば、新しい概念を創るつもりで書いてゆく。その際、〈4〉の概念は、深い内容に対して精製に精製を重ね、磨き上げたシャープでインパクトのある印象的な概念で、十分に研ぎ上げた切れ味のある表現になるようにする。こう言っても、そうやすやすと言葉が浮かんでくるわけでもないので、苦労をすることになる。

〈5〉疑問・課題

　上記の4ステップの後、〈5〉には、「疑問・課題」を書いていく。例えば、同じデータの他の部分や他のデータなどとの比較などを通して、検討することが必要だと考える点や、補足インタビューで確認したいと考える点、文献を調べる必要があると考える点などを既述しておく。そういう意味で、〈5〉は厳密にはコーディングではなく、メモのようなものであり、無くてもよい。

（b）ストーリーライン

　〈1〉から〈5〉までで各発話データを分析したら、次のような表に、ストーリーラインと理論記述、さらに追及すべき点・課題を記入する。

表4-2　ストーリーラインなどの最終作業

ストーリー・ライン	
理論記述	
さらに追求すべき点・課題	

　ストーリーラインというのは、データに記述されているできごとに潜在する意味や意義を、主に〈4〉に記述したテーマをつなぎ合わせて書き表したものである。4.3.3で説明したGTAでも、ストーリーラインという言葉は使われているが、一般にはなじみがないかもしれない。ストーリーラインと単なるストーリーの違いをあらわすのに、次のような例がある。「お料理が出てきました。それから、お料理がなくなりました」という話である。これはストーリーではあるが、ストーリーラインではない。つまり単なる事実の列挙にすぎないというわけである。ストーリーラインというのは、「お料理が出てきました。あまり美味しかったので皆が競って食べたため、お料理はすぐになくなりました」ということである。つまり、ストーリーが、できごとを起きた順序で記述したものであるのに対し、ストーリーラインというのは、できごとをその関係性を含めて記述したものだと言える。その意味で、ストーリーラインは「プロット」、つまり筋書きと同義と言えるだろう。

　SCATでは、発話データが「表層のできごとの記述」であるのに対して、ストーリーラインは「深層の意味の記述」である。したがって、SCATのストーリーラインでは、発話に記述されているできごとの深層の意味が分かることがポイントであり、誰がどこで何をしたというような具体的な事実は分からなくても良いわけである。ストーリーラインの本質は、できごとをその関係性を含めて記述することだから、起きた順序で記述する必要はない。そうした理由から、「お料理はすぐになくなってしまいました。それはお料理がおいしかったからです」も、ストーリーラインだ、ということになる。

　SCATのストーリーラインは、〈4〉に書いた内容（テーマやタイトル、構成概念）をすべて使って、一筆書きで書くようにして書いていくのがいいと言われている。ただし、これは、ストーリーラインを必ず一つの文として書くという意味ではなく、句点「。」で区切られた複数の文になるのが普通である。ただ、それらは、意味の上で一つにつながっているべきだということである。そして、ストーリーラインを書いたら〈4〉に書いた内容がすべて使われているか、もう一度確認する必要がある。この確認のために、ストーリーラインの中の〈4〉で書かれている内容の部分に、下線を引くと漏れ落ちをなくすことができる。もし、〈4〉の内容を使わずにストーリーラインを書くと、それは、分析結果から妥当に導かれた知見ではなく、発話データから直接に言えるような単純すぎる知見、あるいは発話データから飛躍した、恣意的な知見になってしまう可能性がある。

　KJ法（親和図法）には、得られた結果をカードの集合で表現するA法と、その内容を文章化するB法があるが、川喜田は、B法で文章化や理論化を行うときには、カードの一枚一枚をひとりひとりの人間だと思い、うまく取り込めないからといって、決して1枚のカードも無視してはならない、どこまでもそれを取り込む努力をすべきだと言っていたそうである。

　ストーリーラインを書いていると、「この1枚のカードが無ければ、もっと簡単にまとめられるのに」と思うことがあるかもしれないが、その1枚をなんとしてでもうまく取り込もうとすることで、全

体が変わってくる場合があるということである。SCATの〈4〉とストーリーラインの関係においても、まったく同じことが言え、〈4〉の内容をすべて使って書くことで、そのデータの分析の結果として書かなければならないストーリーラインが書き表されることになる。理想的には、〈4〉のコード以外には、主語と接続詞くらいしか補われないのが理想的である。ただし、SCATの〈4〉は、KJ法のカードのようにまったく無関係に見えるものが存在するのではなく、すべて元は一つの発話データからコーディングされたものなので、〈4〉がきちんと書かれていれば、KJ法のB法よりも、容易にまとめられるのではないかと思われる。

　ストーリーラインを書いているときに、何か重要な概念が〈4〉に欠如していることに気づいたら、その段階で、それを考えて〈4〉に追加する。したがって、ストーリーラインを書くことは、〈4〉に書かれているべきコードが〈4〉にきちんと書かれているかどうかをチェックするという役割も持っている。実際に、ストーリーラインを書くことで〈4〉は変わることが多いので、〈4〉を十分に書くためにもストーリーラインを書くことは重要なわけである。また、先ほど、SCATのストーリーラインでは、発話に記述されているできごとの深層の意味が分かればいいのであって、誰がどこで何をしたというような具体的な事実は分からなくても良いと書いたが、ストーリーラインを書く時に、それが分かるようにするための語を補う必要はない。人物が主語になるのではなく、概念が主語になって良いのである。そのため、必要な場合にだけ、主語を補う程度の最小限の補足をすることで構わない。さらに、接続詞等を積極的に補うことで、概念間の関係性を同定する。

　〈4〉には、そこまでの分析の結果として個々の多様な概念がコードとして書かれているが、その概念間の関係は〈4〉には記されていないので、〈4〉の内容をストーリーラインに書くときには、あらためてその概念間の関係を書くことになる。それを記すのが接続詞等である。例えば〈4〉に[A]と[B]という概念があったとする。これをストーリーラインに書くときは、[A]と[B]がどういう関係であるかによって、「[A]と[B]が生じ……」と書くべきか「[A]または[B]が生じ……」と書くべきかを検討する。また、「[A]の後で[B]が生じ……」と書くべきか、「[B]の後で[A]が生じ……」と書くべきか、「[A]の結果[B]が生じ……」と書くべきか[B]の結果[A]が生じ……」と書くべきか、「[A]であるにもかかわらず[B]であり……」と書くべきか、「[B]であるにもかかわらず[A]であり……」と書くべきか、などを検討する。このように、時間関係や因果関係を表す接続詞を書くことで、概念間の関係性を同定して明示化するのも、ストーリーラインの特徴である。そして〈4〉の概念の間の明確な関係性は、新たに〈4〉に書いてゆく。さらに、ストーリーラインを書くときには、〈4〉の言葉をすべて使うだけでなく、一字一句変えずにそのまま使っていくようにする。これも結構大変な作業であるが、全体としての意味が浮かび上がってくる作業なので、慎重に、また熱心にやるべきである。

　これら一連の作業を整理すると、次のようになる。まず、発話データを〈1〉から〈4〉のステップ

でコーディングすることで、「脱文脈化」を行っていく。一方で、ストーリーラインでは、〈4〉の内容の関係性を検討しながら、それを再構造化していく。つまり、ストーリーラインを書くことによって、〈4〉までの分析結果が、「再文脈化」されることになるのである。

(c)理論記述

　ストーリーラインの下にある理論記述は、これまでの分析で言えることをストーリーラインの中に含まれている言葉で書いたものである。既に述べたように、理論というと大げさな感じがするので、仮説という程度で考えればいいだろう。理論はストーリーラインのように、「何がどうなった」というできごとの記述ではなく、「AはBである」「AならばBである」のような「端的で宣言的な表現」で記述するように注意する。理論記述は端的に言えば、できあがったストーリーラインを区切って短文にすればよいだけである。したがって、元となるストーリーラインの長さにもよるが、記述に多くの時間を必要とするものではない。もし、ストーリーラインから理論記述がなめらかに行えないとしたら、ストーリーラインに問題のある可能性がある。

　理論記述は、その事例についての事実としての説明を要約したものではない。ストーリーラインからどのような知見が得られるかを考え、その知見を一般性、統一性、予測性などを有する記述形式で表記したものである。その際、現在形か未来形で書くことを基本とし、過去形は使わないようにする。つまり、「〜である」、「〜になる」は良いが、「〜だった」、「〜になった」は良くないということである。

　また、そして,分析者の考えではなく,知見。理論として書くので「〜と思う」、「〜と考える」、「〜が考えられる」、「〜が分かる」、「〜が分かった」、「〜が明らかになった」といった書き方をせず、断定形で書くわけである。ちなみに、「分析をした結果こういうことが明らかになった」というのは、「分析によって得られた理論」ではなく、「分析者の分析行為の経緯」であることに注意されたい。

(d)さらに追及すべき点・課題

　ここには〈5〉に書いてきたことをまとめ書きする。また、ストーリーラインを書いたり理論記述をしたりしていて感じた疑問や課題など、新たに記入すべきものもある。さらに、分析を行うと、資料を調べたり、文献を調べたり、フォローアップのインタビューを行ったりして確認したい点が出てくるのが普通であるが、それもここに記入しておくようにする。

4.3.5 ワークモデル、エクスペリエンスモデル

　親和図法やGTA、SCATなどがインタビューデータをまとめて、そこからインフォーマントの

　さらに、この統合の段階ではワークモデルの統合作業も実施するが、それは、複数の人々が役割分担をして協力して行っている複雑な仕事を分析する場合には有意義なものである。言いかえれば、役割分担がなく、人々が類似した行動を行っている場合、例えば学生の生活、専業主婦の生活といった事柄やスマートフォンの使い方といった特定の行動について、データの信頼性を高めるために複数人のデータを集めた場合には、特に実施する必要はないと言える。反対に、企業活動のように、統括関連、企画関連、人事関連、経理関連等の役割がある場合とか、電車の運行のように、運転手、車掌、駅員、総合指令室、整備等の役割があり、それらの多様な人々を対象に調査を行った場合には、その役割内容をまとめてゆく統合（コンソリデーション）という操作が意味あるものとなる。ただし、既存の役割をベースにして担当内容をまとめてしまうだけでは改革のベースにはならない。現在は異なる役割にされているが、内容的には同じ役割に担当させていいのではないか、といったようなことを考えるわけである。

　フローモデルの場合でいえば、人びとが担当している役割を確認し、どのような役割があるかを調べたうえで似た役割をまとめてゆくことでなされる。シーケンスモデルの場合では、人によって同じ作業のやり方の手順が異なった場合、そこから合理的と思われる共通手順をまとめてゆくことになる。

　ホルツブラットは、人工物モデルの場合には、スケジュール管理に手帳とカレンダーを使っている場合を例にとり、両者をいささか強引にまとめてしまう例を示したり、物理モデルでは、オフィスにおける什器の配置、つまりフロアプランを統合するような建築家顔負けの例を、また文化モデルでは、複数の異なる文化的環境を無理にまとめてしまうような例を示しており、話が大げさになってしまっていてあまり参考にはならないように思う。総じてこの統合の段階は、個別に作成したワークモデルをともかく一つにまとめてしまおうというやり方になっていて、その意義や効果に疑問を感じずにはおれない。そのため読者諸氏にはあまりお勧めしたいとは思わない。それよりも、得られた個々のワークモデルを開発チームのメンバーが頭の中できちんと理解すれば、自然に適切なデザインのイメージが得られるのではないかと筆者は考える。

（5）2005年の簡略法としての文脈におけるデザイン

　この簡略（rapid）法は、ペルソナ、アジャイル、イクストリーム・プログラミング（XP）、ユースケースなどの手法が多く使われるようになってきた時点で、どのようにして文脈におけるデザインのツールをそれらの手法と併用し、短時間で小規模に実施されるデザインを行うかというやり方を示すために提唱されたものである。したがって、あくまでもベースになるのは1998年版のテキストである、とも述べている。また、ソフトウェア開発をメインターゲットにしており、一般的なプロダクトデザインなどとは関係が薄くなっている。

なお、これらのモデルの事例は5.5.2に示す。

(a)日常生活モデル

　このモデルは、ユーザーの生活のなかで、目標とした行動が、異なる場所でどのように行われ、そもそも何が行われ、その活動を支援するのにどのような技術(装置)が使われ、どのような情報内容がアクセスされたかを表現するものである。すなわち、ユーザーの送る日々のできごとの全体的構造を示し、技術による支援を受けながら、どのようにして一日のなかで諸々の活動を位置づけているかを表すものである。一日の時間の流れのなかで、目標とする活動をどのようにして技術が支援しているかを明らかにするもの、といってもいい。その意味では達成(accomplishment)に関するモデルとも言える。

　図的にモデルを表現したものは、多少カスタマージャーニーマップ(CJM)に似ており、左ないし上から時間枠が表示されており、それぞれの時間枠のなかで、ユーザーのある日の生活が技術的支援によってどのように構成されているか、目標達成に技術がどのように用いられているかを描いたものである。

　例えば、ある日の通勤に関してモデルを描くとすると、基本となるのは自宅、通勤、職場という三つの枠であり、それぞれの枠のなかでどのような行動が行われ、どのような問題がおきたかをテキストとして記入してゆき、最後にそれら全体を(綺麗な)グラフィックにまとめている。これは他のモデルでも同様である。しかし、書籍に掲載されている綺麗なグラフィック表現(それを作成するためにはそれなりの時間もかかる筈だ)がどの程度必要なものかどうか、筆者はいささか判断に躊躇する。要するに、初版に例示してあった諸々のラフな手描きのモデルのように、理解できればいいのではないか、ということである。

(b)アイデンティティモデル

　目標達成に関連したアイデンティティ(identity)要素、すなわち自尊心の源泉、自己肯定感、その他インタビューの最中に見え隠れした価値観などを表現したモデルである。

　図的に表現するときは、私は計画する(I plan)とか、私は次のような人間である(I am)、私が好きなのは(I like)、私は次のようなことをする(I do)、というように、ユーザー自身が自分をどうとらえているかを、いくつかのセグメントに分けて、各セグメントのなかに該当する発話を書き込んでゆく。

(c)人間関係モデル

　ユーザーの生活における重要な関係や目標達成において、人びととの関係がどのように接近し

A7	やはり出先とかでも、気軽に使えるので多く使っています。	
Q8	なるほど。パソコンとスマートフォンは用途に分けて使用していますか。	
A8	そうですね。えっと、パソコンはどちらかと言うと大学の課題とか講義を受けたりとかに使用していて、スマートフォンは主に自分の趣味とかで使っていることが多いです。	
Q9	なるほど。外出時に使うのはスマートフォンと言う事ですね。	・相手の発話をこのように言い換えをして確認するのは良い
A9	そうですね。	
Q10	スマートフォンを外出時に使いやすい点などはありますか。何か便利な点などは。	・RQに含まれていなかった事項を必要に応じて深掘りをして聞くのは良い
A10	やはり何かパソコンだとWi-Fiがつながってないと使えなかったり、電車とか公共機関に乗っている時とかはパソコンを出してやっているとかさばったり、周りの人の邪魔になっちゃうので、コンパクトに使えるスマートフォン、って感じですね。	・結果的にパソコンの問題点も聞き出せている
Q11	次によく利用するコンテンツについてお聞きします。事前アンケートではTwitter、Instagram、YouTube、LINEと書いてありましたが、間違いないですか。	
A11	間違いないです。	
Q12	ではそれぞれのコンテンツを主にどのような目的で利用しているか教えてください。	
A12	えーっと、Twitterは自分が応援している俳優さんとかそういう趣味系のことが多いです。	
Q13	はい。	
A13	で、Instagramは大学の友人とかの近況を見たりとか、そういう友人関係に使うことが多く。YouTubeは、そうですね。電車とか公共機関に乗っている時に暇つぶしとして適当に音楽をかけてみたりとか、YouTuberの動画を見たりとかしています。	
Q14	なるほど。	・「なるほど」というような肯定的な受容反応を示すのは効果的
A14	で LINEはやはり連絡手段とか親とか友人もそうですし、そういう感じで使っています。	
Q15	ではTwitterが趣味、InstagramやLINEは交流が主で、YouTubeは暇つぶしに使うことが多いと言う事ですね。	・このような要約をして確認することも良い
A15	はい、そうです。	
Q16	はい、ありがとうございます。えーと、事前アンケートの確認は以上です。ありがとうござました。	
A16	はい。	

Q17	ではこれからインタビューのほうに移りたいと思います。最初は通学などを含む移動時間全般について質問していきます。質問の際にわからない部分がありましたら遠慮なく聞いてください。	
A17	はい。	
Q18	ではまず通学状況について教えてください。普段どのような移動手段を利用していますか。複数ある場合は複数答えてください。	
A18	えーっと、徒歩とバスと電車を使って通学しています。	
Q19	それぞれにどれぐらいの時間をかけていますか。	
A19	徒歩はそんなになくて数分なのですけど、バスが20 分位で、電車はまぁ短くて1時間半位で長くて2時間位ですね。	
Q20	はい。ではその三つの移動手段の中から最も落ち着いて時間を使っているのはどんな時に、どの移動手段の時ですか。	・所要時間について主観的にどのように感じているのかなど、追加で聞くとなお良い
A20	やはり乗っている時間が長いので電車の中が1番落ち着いて使えていると思います。	
Q21	なるほど、電車は乗り換え等はありますか。	・電車について乗り換えの可能性に気づいたのは良いが、その回答に対して、所要時間全体（1時間半〜2時間）のうち、どのようなタイミングで乗り換え、どのような割合でどういった電車に乗っているのかなど、さらに深掘りをすべきだった。スマホを利用する時間がどの程度確保できるかを知るためには必須である
A21	えーっと、3回位ありますね。	
Q22	なるほど。普段バスや電車では座っていることが多いですか。	
A22	電車では座っていることが多いのですけど、バスは混み具合が日によってすごく違ってしまうので立っている時もあれば座っている時もあるって言う感じです。	
Q23	電車の中での混み具合はどれぐらいですか。	
A23	えーっと、朝行くときにはそんなに混んでないのですけど、やっぱり帰りになると帰宅ラッシュと重なって混みますね。	
Q24	なるほど。では行きと帰りでは座っている場合が多いのは行きって言う感じになりますか。	
A24	そうですね。行きの方が座っていて帰りの方が立っている頻度が高いですね。	
Q25	えーっと、移動手段を選ぶ際に例えば人混みを避けたりまたは乗り換えを少なくしたり何を重視して移動方法を選んでいますか。	・例えを出しながら尋ねている点は良い

第5章

A25	えーっと、乗り換えが少ないのは意識して、移動方法として選びましたね。	
Q26	なるべく乗り換えを少なくするということですね。	・なるべく乗り換えを少なくすることを意識している一方で、電車を3回乗り換えるという話がA21でされているが、それについてどのように考えているのかなども確認できると良い
A26	そうですね。	
Q27	えー、通学の際どのように移動時間を利用していますか。	
A27	えーっと、音楽を聴いたり、まぁ寝ていたりとか、課題をやったり。で、ごくまれにまぁゲーム、携帯ゲームをやっていたりします。	
Q28	なるほど、バスや徒歩、電車と言うそれぞれの移動手段があるのですけど、それぞれでやっている内容っていうのは異なりますか。	・音楽やゲームの種類などについてももう少し話を広げられると良い
A28	結構歩いているときにはあまり使わないので、えっと電車では結構YouTubeとか音楽を聴いたりとかが多いのですけど、バスは寝ていたりとか。スマートフォンはあんまり使わないですかね。	
Q29	移動時間が長い場合はスマートフォンを利用するということですね。	・3回の乗り換えを考えると、一つの電車での所要時間はさほど長くないが、なぜ電車とバスでスマートフォンの利用が異なるのか、A22 やA23での回答にある混み具合なども関係してくるのかなども含め、もう少し掘下げて聞けると良い
A29	そうですね。	
Q30	なるほど。では行きと帰りでやることっていうのはどのように変わりますか。	
A30	行きは結構寝ていたり、頭を使わなくていいこと、音楽を聴き流すとかをしていて、帰りはその日出た課題とか何か頭を使うことをやることが多いです。	
Q31	うん、ありがとうございます。では立っている時と座っている時があるとおっしゃっていましたがそれぞれであの時間の活用の仕方はどのように変わりますか。	・「うん」という返答は良くない ・前の回答に絡めて追加で質問をした点は良い
A31	えーっと、立っているときは両手があまり使えない、何かつかまっていたりするので、片手でできる簡単な操作しかできないので、Twitterとかインスタとか片手間にできることをしていることが立っているときは多くて。座っているときは両手が使えるので比較的課題をやったりとか、まぁスマートフォンのゲームをやったりとかが多いですね。	・このインフォーマントは自省的で自己の行動を分析してくれているのでやりやすいが、常にこうしたインフォーマントばかりではないので、その時はインタビューアーが質問で掘り下げていく必要がある ・A24では帰りは立っている頻度が高いと回答しているが、A31では課題を

A31		やるときは座っているときと回答しており、ちょっと矛盾しているように受け取れる。そのあたりを整理して確認しておけると良い
Q32	なるほど。えー、いろいろ活用の仕方を挙げていただいたのですけど、その中で最も頻度が高いとは感じているものはなんですか。	
A32	やはり音楽を聴くのが1番高いですね。	
Q33	どうして音楽を聴くことが多いのでしょうか。	
A33	えっと、音楽を聴きながら課題をやったりとか、何かしながら、音楽を聴きながら何かをするということができるからです。	
Q34	二つ以上を同時にできるって言うのが便利ってことですね。	
A34	そうですね。	
Q35	では、音楽を聴く際はどのような機器を使っていますか。	・この問いは、これまでの質疑から自明ではあるが、結果的にウォークマンについての掘り下げができているので、有効な聞き方である
A35	えーっと、スマートフォンを主に使っています。	
Q36	ウォークマンも音楽を聴くためにあると思うのですけど、ウォークマン等の利用を考えたことありますか。	
A36	あっ、でも1年前ぐらいまではウォークマンとかで聴きながら、行っていたんですけど、うん、ウォークマンの電源が切れたりとか、なんかウォークマンの消費で、消費が長くて充電がよくできなくなっちゃっていたりとかしたのでスマートフォンを使うようになりました。	・案の定、ウォークマンについての情報も得られている
Q37	充電が長持ちしなかったためにスマートフォンに利用切り替えたって言う事ですね。	
A37	そうですね。	
Q38	えーとでは移動時間において、大変または不便だと感じている点はありますか。	
A38	やはり何か、座れないと電車の中とかバスの中で立っている時はちょっと大変だなとか不便だなぁって感じたりはします。	
Q39	えっと主に疲れてしまうと言うことですか？	・なぜ不便なのかという点を聞かずに、「主に疲れてしまう」と尋ねることで、バイアスをかけてしまっている
A39	そうですね。なんか立っていると筋肉を使わなくちゃいけないので、疲れますね。	
Q40	ありがとうございます。えーとでは次に通学以外の私生活における主な移動手段についてお聞きしたいです。普段はどのような移動手段を使っていますか	
A40	えーと徒歩と電車を使うことが多いです。	

Q41	えーとでは出かける際どのぐらいの時間内で移動できる場所に行きますか。	
A41	片道30分位の場所ですかね。	
Q42	えーっと、近場をご利用すると言う事ですけど、その理由は何でしょうか。	・「近場」というのは「片道30分位」からの連想だが、そのように言い換えることによってインフォーマントに抽象化した形で確認ができている
A42	やはり何か電車をずっと乗っているとかずっと歩いているとかをしていると疲れてしまうので、近場を選んでいますね。	
Q43	疲れてしまうその主な原因というのは何が考えられますか。	
A43	やはり電車の人混みとか、電車の乗り換えとかですかね。	
Q44	あー、乗り換え。えーっと、うーん、ではその短時間の移動の際は主にどのように時間を利用していますか。	・ちょっと予想外の回答だったようで戸惑いがみられる。こうした時も落ち着いて対処できるようにしたい（場数を踏む必要もあるが）
A44	スマートフォンでLINEに連絡来ているかなぁってちょっと確認したりとか、ほんと些細なことしかしないですかね。	
Q45	なるほど。まぁ、音楽を聴いていることが多いと言う話だったのですけど、	・音楽を聴いているというのは通学の場合だったので、「通学のときは」と付け加えるべき（A44の回答を受けてQ45の内容を質問するのは不自然）
A45	はい	
Q46	どのように目的地への到着を確認していますか。	・Q45を受けてのA45の回答に対して、普段の近場への移動の時には、音楽を聴かないのかといった様な突っ込みができておらず、Q46で唐突に話題が流れと関係のないもの、かつRQに用意していなかったものに切り替わっている ・しかし、新規サービスに結び付けられそうな興味深い回答が得られている
A46	えーっと、家を出る前にあの乗り換えアプリとかで、何時に着くとかを把握しているので、音楽を聴いてちょっと時間経って断ったら何時か見て、あーまだここら辺の駅だから大丈夫だ、みたいな感じに確認しています。	
Q47	時計を頻繁に確認することが多いと言う事ですね。	
A47	そうですね。他にもその電車の風景とか電車から見える風景とかで大体この駅の近くだなぁとかがわかるので、そうやって判断しています。	

Q48	では実際にスマートフォンの画面を眺めている時間はどれぐらいありますか。	・Q90のGPSについての話題につながりそうなのに、そこを深掘りせずに話題を変えてしまっている
A48	これは通学している間ってことですか。	
Q49	はい。	・通学以外の移動の話の途中だったが、突然通学時の話に戻り、それ以外について確認ができていない。会話の文脈を誤解しないためにも、文脈を変えるときには明示的に表現すること
A49	えー、1時間位は眺めていると思います。	
Q50	ではその移動時間をご自身で有効に使えていると感じますか。	
A50	そうですね、有効に使えているとは思います。	
Q51	そう感じている理由は何でしょうか。	・その理由まで聞いている点は良い
A51	やはり、電車の中で課題を終わらせることができたりとか、何かしなくちゃいけないことを電車の中で終わらせられていることが理由ですかね。	
Q52	ありがとうございました。えー、以上で移動方法に関する全般の質問は終わりとなります。	
A52	はい	
Q53	えー次に移動、次にスマートフォンの利用条件についてですね。質問させていただきます。確認になりますが、移動する際はスマートフォンを利用する機会が多いと言うことで間違いないですか。	
A53	はい、間違いないです。	
Q54	はい、ではまずスマートフォンを利用し始めたきっかけについて教えてください。	・このあたりはRQどおりにやっている
A54	やはり周りが中学生位になって持ち始めたっていうのが1番大きいですかね。	
Q55	周りの影響が強かったということですね。	
A55	そうですね。	
Q56	どのような点に憧れてスマートフォンを利用し始めましたか。	
A56	やはり何か、電話をしないで何かメールとかで連絡を取り合えるって言う点が、その時は魅力的でした。	・このあたりは、最初の頃に利用したアプリや、スマートフォンで出来そうだと感じていたことなど、もう少し掘り下げると良い
Q57	なるほど現在はどのような機種のスマートフォンを利用していますか。	
A57	iPhone11を使用しています。	
Q58	どうしてその機種を選びましたか。	

A58	えーっと、つい最近携帯をアンドロイドからiPhoneに変えたんですけど	
Q59	はい	
A59	全くわからなくて、使い方が、なんかどっちがいいのかとか性能とかが、	
Q60	はい	
A60	なので、店員さんにオススメされたのを買いました。	
Q61	えー、その店員には、まぁ例えばどのような点をオススメされましたか。	・この突っ込みは良い
A61	やはり写真をよくとるかとか、写真写りとか、スマートフォンの厚さとか持ちやすさとかで、私がパソコンがMacなのでMacとの連携が取りやすいってことでiPhoneを勧められたりとかしました。	
Q62	それは現在スマートフォンとパソコンを連携していると言うことですか。	
A62	そうですね。エアドロ(AirDrop)とかして情報送ったりとかできるので、電車の中って課題をやってもうパソコンに移すことができるって言う感じですね。	・この回答に対して、どんな課題の場合なのか、その際に問題点がないか、アンドロイドの時にはどのようにしていたのかなども追加質問すると良かった
Q63	なるほど。では次に、えー事前アンケートでお答えいただいたものにはTwitterやInstagramなどのSNSの利用が大半を占めていたように思うのですが、それ以外に利用している機能やアプリ、サービス等はありますか。	
A63	やはり時計とかタイマーとかの機能とか、楽ゲー、リズムゲームとか娯楽系とか、さっきも言ったように何か乗り換えアプリ、電車の乗り換えを表示してくれるアプリとか使っていますね。	
Q64	えーと、まぁそれらのスマートフォンのコンテンツについて今どれぐらい今満足していますか。	
A64	ほぼ満足はしていて不満に感じる事はあんまりないです。	
Q65	なるほど、うーんどうして満足しているのですか。	・何か不満が出ることを予想していたらしく、ちょっとした戸惑いが見られる ・A58で、最近アンドロイドからiPhoneに変えたと回答しているが、アンドロイドと比較してどうなのか、A65で発言している使いやすさはアンドロイドと比較しての話なのかなども聞けると良い
A65	使いやすさ、なんかどうすれば使えるのかとか、何か利用する携帯とかがわかりやすくなっているので、満足しています。	

第5章

Q66	なるほど、えースマートフォンの利用の際に重視している点は何ですか。	
A66	片手で使えるかどうかみたいな、大きすぎても片手に収まらないと使いにくかったりするので、そういうのを重視しています。	
Q67	では現在のスマートフォンの大きさには満足しているということですか。	
A67	満足しています。	
Q68	では、容量や重さには満足していますか。	
A68	スマートフォンの重さは別に気にしてないので満足しているっていると思うのですけど、容量はちょっと少ないかなぁって思います。	
Q69	容量に関しては、えー不十分だと感じていると言う事ですね。	・A68の回答をもとに深掘りをして、認識している問題を引き出せている
A69	そうですね。容量が少ないとやはりデータとかで、動きにくくなってしまう。そのゲームとかしていても、止まってしまったりとか通信が悪くなってしまったりとかするので。	
Q70	では通信速度に関しても、普段は気をつけ、気をつかっていると言う事ですね。	・A69の回答のなかの通信の部分を取り上げて深掘りをしているのは良い
A70	そうですね。通信速度が遅いと、使っている中でちょっと不満に思うことが多いですね。	
Q71	現在のスマートフォンでは通信速度などその不便改善を求めている機能はありますか。	・この質問は意味が不明瞭（少なくとも速度は性能であり機能ではない）
A71	特にはないですね。	
Q72	通信速度にも今は満足しているという状況ですか。	・A70の回答と矛盾することを聞いてしまっている
A72	家にいることが多いので、Wi-Fiが通っているので、そんなに不満とかはありません。	・しかしQ72に誘導されたのか、インフォーマントはA70で出した不満を撤回してしまっている。こうした結果につながるような誘導的質問は絶対に避けるべき
Q73	なるほど。えーでは、まぁ今現在で構わないのですけど、どのようなコンテンツやサービスに関心がありますか。	
A73	やはり、やっぱりSNSとか、人と関わることができるサービスとかコンテンツに関心があります。	
Q74	なぜその人の交流についてのアプリに関心があるのですか。	・このような「なぜ」という質問は大切
A74	やはりTwitterとかを見ていると、やはりとあるニュースに関しても、何か賛成派反対派の意見が一般の意見が見れたりするので、そういう社会学的な、そういう社会の情勢とか見るのが明確にすぐ分かったりとかするのでそれに関心があります。	

Q75	なるほど。えーっと、ではまぁ移動の際にスマートフォンを利用していて、何か失敗した経験とかはありますか。	・Twitter以外のSNSについて同様の質問をせずに次の質問に移ってしまっている
A75	あぁスマートフォンで音楽を聴くときに、あのワイヤレスのイアホンを使っているんですけど、そのワイヤレスのイアホンの充電が途中でブチって切れてしまって、電車の中で曲が流れてしまったっていうのはあります。	
Q76	なるほど充電関係に心配があると言うことですか。	
A76	そうですね。充電関係と、やっぱり接続とかですかね。ワイヤレスイアホンとスマートフォンの。	・重要なポイントを掴むことができた
Q77	連携の面での、えー接続も気になっていると言うことですね。	
A77	そうですね。	
Q78	では、そういう失敗の経験があったと思うんですけど、それ以来スマートフォンの利用に関して何か変化はありましたか。	・接続のどういう点が気になっているかを聞くべき
A78	ちゃんと接続されているか見るのと、充電が何%まだ残っているのかイアホンのを見るようになりましたね。	
Q79	なるほど。ではまぁ他の人のスマートフォンの使い方で良いと思った使い方などは今までありましたか。	
A79	あまり人のスマートフォンの使い方をじっくり見たことがないので、あまりないですね。	
Q80	では例えば何か良い実践の方法があったら知りたいと思いますか。	
A80	何か自分が知らないことであれば取り入れたいなと思います。	
Q81	ありがとうございます。では。移動する際、側に友人や家族がいる場合はスマートフォンを利用していますか。	・RQには入っていないので、この場で思いついた質問と思われる
A81	利用していますね。あの今コロナであんまり公共機関の中でもしゃべることが、何か悪いことみたいな目線で見られてしまうので、もう家族とか友人もスマートフォンをいじってるし、自分も暇だからいじってしまうことが多いですね。	
Q82	なるほど。ありがとうございました。えー、次がえっと、最後の項目になります。有効に時間を使うためのサービスの需要の確認についてお聞きいたします。えー電車の中、まぁつかれているっていうことが多いって聞いたので、まぁたとえば電車の中などの移動時間でもできる簡単なストレッチや、もしくはえー帰ってきた後、家の中でできるは移動の疲れを取るためのストレッチなどを紹介してくれるアプリがある場合、それを利用したいと思いますか。	・RQで用意していた「30分ごとに計画を立てられるアプリ」については飛ばしているが、もしこの文脈で尋ねるとしたら、普段どのように予定を管理しているのかなどについてももう少し聞いておく必要がある ・Q82では有効に時間を使うことが大前提になっていて、バイアスがかかっている
A82	そのサービスのクオリティによりますかね。	
Q83	どのような機能があれば使おうと思いますか。	・Q83では、Q82のストレッチの質問がバイアスをかけてしまったと感じたようで、聞き方を変えている点は良いが、漠然としていて人によっては回答

Q83		しにくい可能性もある ・質問が曖昧ではあるが、A83やA85では、有意義な情報は得られている
A83	自分は何かお知らせとか通知とかが来るのかそんな好きじゃないので、そんな高頻度で通知とかお知らせが来ないで、何か手軽にできるストレッチとか、内容なら使いたいと思います。	
Q84	通知が届くのではなくまぁご自身で必要な時に検索するタイプの方が利用すると思いますか。	
A84	そうですね。	
Q85	ではこういうアプリがあったとして、どのような点がちょっと不便そうだなぁと思いますか。	・「そのアプリ」が何をさすのか曖昧なまま続けているが、明確に表現すべき
A85	何か今そういう感じのアプリケーションとかだと、何か通知がうるさいとか広告が多いとかそういう点が不便だと思います。	
Q86	あまり必要じゃない情報は摂取したくないと言う事ですね。	・「このアプリ」にこだわりすぎている
A86	そうですね。	
Q87	ではまぁ実際にそのアプリがあった場合どのような場面で利用したいと考えますか。	・同上
A87	やはり電車の中だと混雑していることがちょっと多かったりするので、やはり家でできる内容がいいと思います。	
Q88	ありがとうございます。ではこのアプリを使うことで時間を有効に使えるようになると考えますか	・これもRQには入っていない。しかし、A47のことを思い出しての質問かもしれないとすると、これは悪くない
A88	うーん通学とかそういう公共機関を使っているときはそんなに役立たないのかなみたいな。有効に時間を使えるようになるとはそんなに思わないです。	
Q89	なるほど。ではこのアプリがあった場合友人や家族に紹介したいと思いますか?	
A89	お勧めするならまず自分で使ってみて、どういうものか。で自分が満足するんだったらお勧めしたいと思います。	・重要な点を引き出している
Q90	ありがとうございました。では次にGPSのアプリについてです。スマートフォンのアプリとGPSのアプリを連携させて、目的地に着くと自動で音楽が止まったり読書などをした場合は通知が届いたり、寝ている場合はバイブレーション機能が作動してお知らせしてくれるようなアプリがあるとすると、それを利用したいと感じますか。	
A90	どちらかと言えば使用したいなぁって思います。	
Q91	どのような点が便利そうまたお役に立ちそうだと感じますか。	
A91	やはり何か寝ていて、寝過ごしちゃうみたいな、だから寝れないみたいな、寝過ごすのが怖くて寝れないみたいなことがあったりするので、そういう点では気軽に寝れるみた	

A91	いな、気軽に他のことに没頭できるという点で便利そうだなと思います。	
Q92	はい、では次に逆にどのような点が不便そうだと感じますか。	
A92	何かGPSアプリってあんまり正確じゃないなぁと思っていて	
Q93	はい	
A93	なんかMacとその自分の持ってるiPhoneのLINEを連携させてるんですけど何か連携させるときにどこどこの場所東京の品川からログインがありましたみたいな通知が来ていて、全然自分東京には住んでいないので、なんか大雑把だなみたいな、世界から見たらここら辺って言う感じで通知が来るので、そういうところが不便そうだなみたいな。ちゃんと自分の降りたい駅で目的地に着いたときに作用するのかなみたいな。	
Q94	正確さにちょっと不安があると言う事ですね。	
A94	そうですね。	
Q95	ではこういうアプリがあった場合まぁどのような機能が欲しいと感じますか。	・この程度のしつこさは必要
A95	やはり何か通学以外普通に出かけるって言う場面でも使いたいと思うので、何か何々駅みたいな感じで登録しておいて、その駅で作用するみたいな、アラーム機能みたいなのが欲しいなって思いました。	
Q96	ありがとうございます。こういうアプリがあった場合、どのような場面で主に利用したいと考えますか。	
A96	やはり電車に乗ることが多いので電車に乗って移動する時とかに使いたいなと思います。	
Q97	ではこのアプリの利用でまぁもっと有効に時間を使えるようになると考えますか。	・これは場繋ぎかもしれないが、必要な質問ではない
A97	そうですね。使えるようになるとは思います。	
Q98	ではこのアプリがあった場合友人や家族に紹介したいと思いますか。	・これもいささかくどい
A98	そうですね。さっきの不満だなぁみたいな不安だなぁと思うところが解消されているのであれば、使いたいとか家族にとか友人に紹介したいなって思います。	
Q99	ありがとうございました。えーっと、インタビューはこれで終了となります。お疲れ様でした。	
A99	お疲れ様でした。	
Q100	長時間たくさんの質問事項にお答えいただきありがとうございます。これらの調査結果は今後の研究考察に役立てていきたいと思います。最初にもお伝えしましたがこの結果を個人がわかるような形で公表する事はございません。えーと、改めてインタビュー調査にご協力くださり感謝いたします。ありがとうございました。	・閉じ方は適切

第5章

　ここからは、5.2のインタビューデータを用いて、代表的な三つの手法、すなわち親和図法
（5.3）、SCAT（5.4）、コンテクスチュアルデザインの手法（5.5）について具体的な説明を行う。

5.3 親和図法の場合

5.3.1 初心者の作成したカードの事例

　最初は親和図法だが、まず、初心者が行った事例を図5-1に示す。全体を60枚のカードにま
とめているが、これらはおそらく気の付いたことを順次カードに記入していった結果だと思う。し
たがって、見落としによる欠落も発生している可能性がある。また、「寝る」とか「筋肉を使って疲
れる」といった極端に短いカードが含まれているのも特徴的である。文脈依存性をなくす、つま
り脱文脈という方針を採用することは時に必要であるが、通常のカード作成では極端な脱文脈
化はそのカードの持っている意味を失わせてしまうので、ある程度、状況に関する情報は含めて

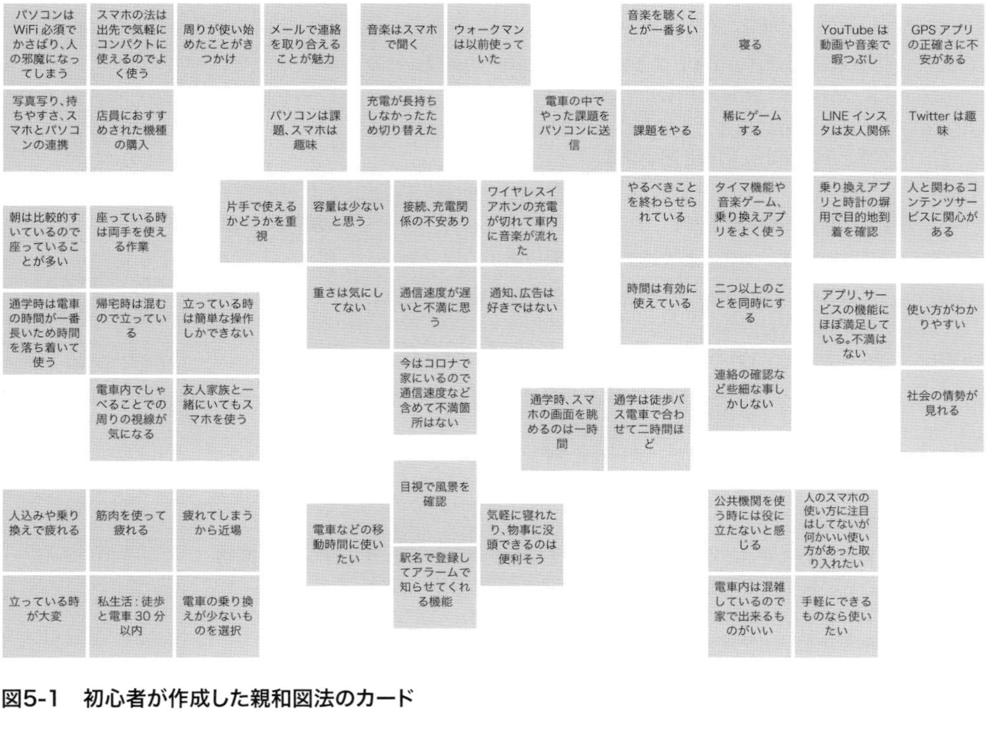

図5-1　初心者が作成した親和図法のカード

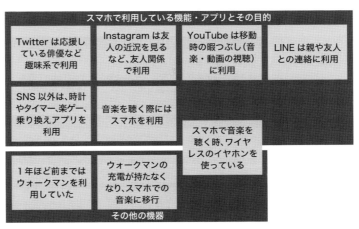

図5-4　スマートフォンとその他の機器に関するカード

（6）通学時の移動

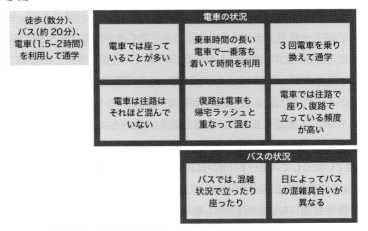

図5-5　通学時の移動に関するカード

　図5-5は、通学時の移動に関するグループで、移動時間の有効な使い方という焦点課題に強く関連する一群である。インフォーマントはいわゆる歩きスマホはしないようだったが、通学時にはその他にバスと電車を利用している。電車の利用は合計して1.5-2時間に及ぶが、3回の乗り換えがあるということで、長時間落ち着いていられるわけではないようだ。座れるのは往路で、帰路は立っていることが多いらしい。バスは混雑度合いが日によって変わるようで、立ったり座ったりしている。座っているときと立っているときのアプリの使い分けについては、次の図5-6のグループにまとめられている。

スマホ利用への他者の影響
中学生の頃に周りがスマホを持ち始めたため
周りの影響で自分もスマホを利用
当時、電話をせずに連絡を取り合えるのがスマホの魅力だった
スマホの利用の仕方
同行者がスマホをいじっていると、暇で自分も
店員に勧められたスマホを購入
他の人のスマホの使い方をあまり気にしたことはない
自分が知らない良いスマホの使い方があれば取り入れたい
自分が使って満足したら、他の人にも勧める
SNSの利用
SNSなど人と交流できるものに関心がある
Twitterなどから、ある事柄に関して賛成や反対を含む一般の意見が
Twitterなどから、社会の情勢が明確にすぐに分かる
一般の意見や社会情勢に関心がある

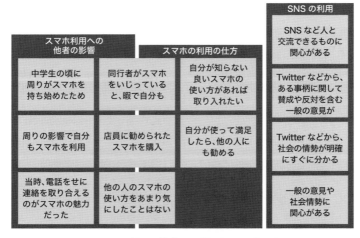

図5-8　スマートフォンの利用と他者との関わりに関するカード

(10)提案への反応

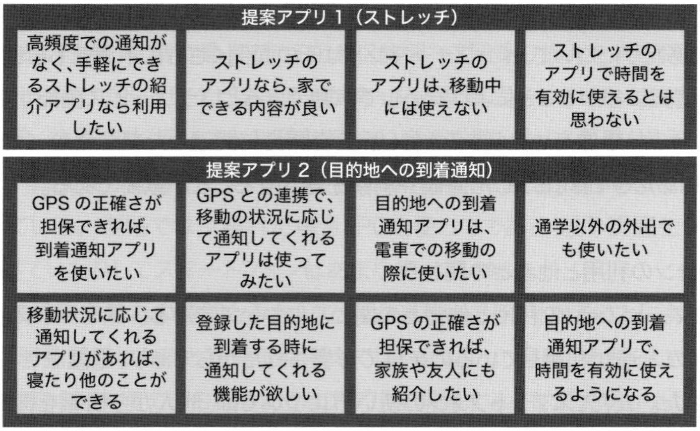

提案アプリ1（ストレッチ）
高頻度での通知がなく、手軽にできるストレッチの紹介アプリなら利用したい
ストレッチのアプリなら、家でできる内容が良い
ストレッチのアプリは、移動中には使えない
ストレッチのアプリで時間を有効に使えるとは思わない
提案アプリ2（目的地への到着通知）
GPSの正確さが担保できれば、到着通知アプリを使いたい
GPSとの連携で、移動の状況に応じて通知してくれるアプリは使ってみたい
目的地への到着通知アプリは、電車での移動の際に使いたい
通学以外の外出でも使いたい
移動状況に応じて通知してくれるアプリがあれば、寝たり他のことができる
登録した目的地に到着する時に通知してくれる機能が欲しい
GPSの正確さが担保できれば、家族や友人にも紹介したい
目的地への到着通知アプリで、時間を有効に使えるようになる

図5-9　提案への反応に関するカード

図5-9は、インタビューアーから提案されたアプリについての反応をまとめてある。インタビューアーは、焦点課題に関連して、自分の思い付きを提案しているが、必ずしもこうした直接的な提案内容が受容されるとは限らない。それが提案アプリ1のストレッチに関する反応である。このインフォーマントは自分の考えをはっきりと持っているようだが、圧迫的なインタビューを行うと「それはいいですね」、「あれば使うかもしれません」と消極的に受容してしまうインフォーマントもいる。今回のインタビューでも、インタビューアーはちょっとしつこいくらいストレッチアプ

リについて質問をしているが、このインフォーマントの場合は基本的にそれを受け入れてはいない。しかし、もし消極的にせよ受容的な反応が得られたとしても、それで提案内容が受け入れられたと考えてしまうのは早計である。

　むしろ、インタビューの内容からじわじわと考え出された提案アプリ2、これはあらかじめRQに用意してあった提案ではないが、それについてインフォーマントは積極的な反応を示している。目的地への到着通知というこの観点をアプリ提案にむすびつけようと、その場で考え出したインタビューアーの頭の回転は称賛されて良いだろう。このアプリを実現可能にするGPS精度の向上が満足できる水準であればという条件付きで、目的地に到着したことを通知してくれるアプリがあれば、「時間を有効に使える」ようになる、との回答も得られている。たとえ、目的地に到着するまで寝ていても、ということである。このあたりは、このインタビュー中で一番重要な箇所と言えるだろう。

（11）現状で満足している点

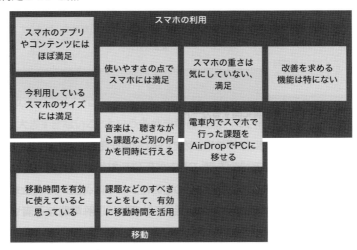

図5-10　現状で満足している点に関するカード

　図5-10は現状で満足している点をまとめたものである。改めてスマートフォンの利用満足度を訊ねてみると、案の定、このインフォーマントは現在のスマートフォンに満足しており、特に何かが欲しいという回答は行っていない。要するに、前項の目的地への到着通知というアプリについては、潜在的ニーズという形でしか存在していないわけである。しかし、潜在的だからといって、このユーザーが、目的地到着通知アプリが提供されるようになったときに、それを利用しないとは言えない。

て、目的地到着通知アプリという新しい開発目標の設定（可能性の水準ではあるが）に至ること
ができた。

　今回の事例は、インフォーマント一人分のデータからのまとめである。データの信頼性を上げ
るためには、当然、複数のインフォーマントに対して同様な調査をすることが望まれるわけだが、
その場合、二通りの考え方があり得る。一つは、今回行ったような個人ごとの分析を人数分反復
するやり方である。親和図の構造がインフォーマントごとに異なってくる可能性は大きいが、そ
れぞれのインフォーマントの独自性を把握しながら分析できるため、結果の了解度が高くなると
考えられる。

　もう一つのやり方は、得られたデータをすべてまぜてしまい、その全体で親和図を構成すると
いうものである。この場合、それぞれのカードの脱文脈性が高いと、言い換えれば簡潔に表現
しすぎてしまうと、何のことを言っているのか分からなくなるため、ある程度の文脈情報を含めて
カード化することが必要である。ただし、このやり方の場合には、カードの総枚数を考慮すること
が必要である。今回の事例では、約32分のインタビューデータから99枚のカードが作成された
が、これが仮に同じ密度で120分実施されたとなると、このインフォーマントからだけでも約400
枚のカードが作られることになる。仮に5名のインフォーマントにインタビューを実施したとして
も、およその枚数は約2000枚となる。これをどうやって処理するかを考えると気が遠くなるだ
ろう。まず、模造紙一枚の上に配置することは無理である。カードは部屋の床一杯に広がって
しまうだろう。また、どこにどのようなカードがあったかをプロジェクトメンバーの短期記憶で把
持しておくことも困難である。今回のカードの親和図化には約8時間がかかったが、その5倍、要
するに一週間程度をかけても集約することは難しいのではないか。そうなると、カード作成時点
で、カードの枚数を削減することを考えることになるだろうが、そこで漏れ落ちてしまう情報のこ
とや、複数の情報を含んだカードが生成されてしまう可能性を考慮すると、それも望ましいとは
いえない。

　このようなことを考えると、インフォーマント全体のカードをシャッフルしてしまうのは、あまり
現実的とはいえないように思う。むしろ、それぞれのインフォーマントについて個別の親和図を
作成し、そのカテゴリー名称を見ながら情報を構造化していくのが適切だろうと考えられるので
ある。

5.4 SCATの場合

　以下にSCATの分析結果の例を示すが、SCATの分析事例については文献（大谷 2007, 2019など）もあるが、いざ実際にやってみると結構難しく感じられるものだ。特に＜3＞と＜4＞については、テクスト外の概念が入ってきたり、テーマ・構成概念となっていたりするので、つい難解なものになってしまいがちだし、そう書かなければいけないのかと思い込んでしまいやすい。しかし、大谷の趣旨を読み取れば、＜3＞も＜4＞も難解な表現をすればよいと言っているわけではないことがわかるだろう。

　そこで、ここでは初心者の作成した事例と筆者の作成した事例を比較することによって、SCATにおける表現の仕方を見ていくことにする。ただし、すべての発話記録を対象として比較するのはスペースを無駄に使ってしまうことになるだろうから、ここでは、Q27からA39までのひとまとまりの範囲を対象として初心者のものを表5-3と筆者のものを表5-4に示すことにし、ついで両者の特長を比較してみることにした。

5.4.1 初心者の作成した事例

　インタビューを実施した初心者は、インタビューについてはかなり適切な対応をしていたが、親和図法の場合もそうだったが、分析の段階になると、やはり経験不足があらわれてしまっている。Q27からA39の範囲に関する初心者の分析を、次の表5-3にあげる。

表5-3　Q27からA39の範囲の初心者による分析[3]

番号	発話者	テクスト	<1> テクスト中の注目すべき語句	<2> テクスト中の語句の言いかえ	<3> 左を説明するようなテクスト外の概念	<4> テーマ・構成概念（前後や全体の文脈を考慮して）	<5> 疑問・課題資源の活用
Q27	聴き手	通学の際どのように移動時間を利用していますか。	移動時間、利用	目的地へ向かう過程の時間経過、活用、使用、消費	実行目標のための道中の時間/どのような欲求/どのような資源の使用	資源の活用	通学に限定することは何を意味しているのか。大学の影響を想定しているのか
A27	語り手	音楽を聴いたり、まぁ寝ていたりとか、課題をやった。で、ごくまれにまぁゲーム携帯ゲームをやっていたりします。	音楽、寝る、課題、ゲーム	曲、音階の繋がり、娯楽、睡眠、休憩、宿題、遊び	人間が意味を感じることのできる音（再現芸術）/周期的に繰り返す意識を喪失する生理的状態/解決すべき問題/解決すべき仕事や課題から心を開放	再現芸術である音楽/意識を失う睡眠/解決すべき問題/個人の楽しみとしての娯楽	活用の仕方はこれだけに収まっているのか
Q28	聴き手	なるほど、バスや徒歩、電車と言うそれぞれの移動手段があるのですけど、それぞれでやっている内容っていうのは異なりますか。	バス、徒歩、電車、移動手段、やっている内容	移動手段、移動中の行動	移動手段による特性の差異とそれに適合した行動	バスの揺れの問題、徒歩中の行動制約の問題、電車の比較的安定した状況	それぞれの移動手段における行動選択は合理的か
A28	語り手	結構歩いているときにはあまり使わないので、えっと電車では結構YouTube とかで音楽を聴いたりとかが多いのですけど、バスは寝ていたりとか。スマートフォンはあんまり使わないですかね。	歩いているとき、使わない、電車、音楽、バス、寝ていたり	歩行中の行動、公共交通機関での行動、娯楽、休息	移動手段ごとの、休息、娯楽等の行動の使い分け	小型情報機器は歩行中は不適、バスでは使用制限、電車では音楽	インフォーマントの情報機器の利用パターンは利用状況に適合しているか
Q29	聴き手	移動時間が長い場合はスマートフォンを利用するということですね。	移動時間、スマートフォン	移動時間の長さの重要性、行動支援としてのスマートフォン	行動を行うときには、最小限の必要な時間があること	一定の移動時間が確保された場合には特定の行動をとること	一定の移動時間というのは時間の単位で表現できるか
A29	語り手	そうですね。	そうですね。	移動時間が長い場合にスマートフォ	行動に必要な最小時間の確認	スマートフォンという情報機器を使	一定の移動時間の長さについて、あ

A29				ンを使うということの提示	用するには一定以上の時間が必要	ある程度明確な基準をもっているか
Q30	聴き手	なるほど。では行きと帰りでやることっていうのはどのように変わりますか。	行き、帰り、どのように変わりますか	往路と復路での行動変化	同一環境でも、往復という文脈の違いによる行動の差異	移動時の文脈の変化が行動に及ぼす差異的特徴	往復それぞれの移動時における疲労度を確認すること
A30	語り手	行きは結構寝ていたり、頭を使わなくていいこと、音楽を聴き流すとかをしていて、帰りはその日出た課題とか何か頭を使うことをやることが多いです。	行き、頭を使わなくていい、寝ていた、音楽聞き流す、帰り、課題、頭を使う	往路は思考リソースを消費しない、復路は思考リソースを消費してもいい	文脈としての往復は、移動後に活動を行うか休息が待っているかという違いがあること	移動文脈によるメンタルリソースの消費に対する許容限度の変位	往路においては大学での活動の準備として頭を休めているのか、復路ではどうか
Q31	聴き手	立っている時と座っている時があるとおっしゃっていましたがそれぞれであの時間の活用の仕方はどのように変わりますか。	立っている時、座っている時、それぞれ、活用の仕方	直立している、腰かけている、両者別々の、両者特有の、知用の状況、工夫	環境要因に影響される手段実行への変化	環境要因の影響により手段への実行に変化が存在	混み具合の影響も想定しているのか。
A31	語り手	立っているときは両手があまり使えない、何かつかまっていたりするので、片手でできる簡単な操作しかできないので、Twitterとかインスタとか片手間にできることをしていることが立っているときは多くて。座っているときは両手が使えるので比較的課題をやったりとか、まぁスマートフォンのゲームをやったりとかが多いですね。	両手、つかまる、片手、簡単な操作、課題、ゲーム	左右の手、支えを得る、左右どちらかの手、容易な利用、宿題、遊び、娯楽	大雑把で単純、時間や手間がかからない操作	大雑把で手間の少ない単純な操作・作業/より多くのエネルギーを使う作業	片手間にできることという抽象的な表現の内容に関する聴き手と語り手の認識に齟齬はないか。
Q32	聴き手	いろいろ活用の仕方を挙げていただいたのですけど、その中で最も頻度が高いとは感じているものはなんですか。	活用、仕方、頻度	利用、消費、方法、回数	自己目的・欲求による周囲の使い分け/目的を達成するのに最も適合した状態	自己目的・欲求を達成するための環境に最も適合した手段・状態	頻度の高さを聞くことで、語り手のどんな情報を得ようとしているのか。
A32	語り手	やはり音楽を聴くのが1番高いですね。	音楽、一番	音階の繋がり、曲、最も、頻繁に、よく、多く	人間が意味を感じることのできる音(再現芸術)/自己の環境・目的に最も適合	再現芸術としての音楽	過去から現在にかけて変化はなかったか。
Q33	聴き手	どうして音楽を聴くことが多いのでしょうか。	どうして	何故、理由、わけ、利点	自己目的・欲求/その環境に生存するための適合条件	環境要因に適合するための条件・利点	語り手が音楽を聴くことに対してどのような利点・価値を感じているのか

A33	語り手	音楽を聴きながら課題をやったりとか、何かしながら、音楽を聴きながら何かをするということができるからです。	聞きながら、何かしながら	別の作業と同時進行で	複数の作業を同時期に勧めることによる効率化	複数の欲求を同時に達成することができる効率性	物事を二つ以上同時にやることによって生産性・能率は上がっているのか
Q34	聴き手	音楽を聴く際はどのような機器を使っていますか。	どのような機器	複数選択肢の中から選んだ一つ	目的観念を伴う動機に沿った手段の思慮・選択	目的達成のための手段として選択している機器	価値のあると判断している音楽を聴くために、最も適合しているツールは何か
A34	語り手	スマートフォンを主に使っています。	スマートフォン	片手で持ち歩けるインターネット接続機器	音声通話以外にインターネット接続、撮影、動画音楽の再生、ゲームなどができる多機能携帯電話	音声通話以外にインターネット接続、撮影、動画音楽の再生、ゲームなどができる多機能携帯電話としてのスマートフォン	スマートフォン以外の機器があったらそれを利用していたか。外出時と帰宅時でツールに違いはあるか。
Q35	聴き手	ウォークマンも音楽を聴くためにあると思うのですけど、ウォークマン等の利用を考えたことありますか。	ウォークマン、利用、考えた	音楽を聴くことに特化した電子機器、使用、考慮、選択肢の幅	携帯用小型カセットテープのステレオ再生装置/目的観念による環境への適合手段の思慮の範囲	携帯用小型カセットテープのステレオ再生装置としてのウォークマン/選択肢の一つとして思慮	音楽を聴くツールをウォークマンだけに限定しているが、聴き手が音楽機器に関する知識をもっと持っていたら聞き方は変わったか
A35	語り手	あっ、でも1年前ぐらいまではウォークマンとかで聴きながら、行っていたんですけど、うん、ウォークマンの電源が切れたりとか、なんかウォークマンの消費で、消費が長くて充電よくできなくなっちゃっていたりとかしたのでスマートフォンを使うようになりました。	一年前、電源が切れる、消費、充電	12か月前、近年まで、消費の限界までくる、使えなくなる、消耗、エネルギーの装填	物事から得られる貢献がそれ以上ない範囲/手段を利用するためのエネルギー蓄積システムの消耗	充電と言うエネルギー蓄積システムの消耗/得られる価値・貢献がそれ以上ない	ウォークマン以外の機器の利用は過去にあったか。ウォークマンの利用期間はどれくらいあったか。
Q36	聴き手	充電が長持ちしなかったためにスマートフォンに利用切り替えたって言う事ですね。	充電、長持ち、スマートフォン、切り替え	充電消耗への期待感と現実のギャップ	高い期待感と低い現実	充電消耗が他の品質特性よりも重要	どのくらいの充電消耗が許容範囲内か
A36	語り手	そうですね	そうですね	期待感と現実にギャップがあったことの確認	要求水準に関して、現実がそれを満たしていなかったこと	ウォークマンの充電特性の重要性	どの程度の電池消耗なら許容できたのか
Q37	聴き手	移動時間において、大変または不便だと感じている点はありますか。	大変、不便	苦労、疲労、使いにくい、不満のある、	自己目的・欲求が達成されてないと感	自己目的・欲求を達成されていないと	移動時間という表現は適切だったか

UX原論
ユーザビリティから UX へ

著者：黒須 正明

A5判・312頁・定価3,500円+税

UXとは何か？ どうあるべきなのか？

　UXという言葉が生まれてからもう20年ほどになりますが、いまでは典型的な"バズワード"の一つとなっています。すなわち、世間で広く使われるようにはなったものの、定義が曖昧な流行語ということです。

　昨今、UXの概念と方法論については様々なものが混在しており、相互の関係も明確にならないまま拡散している状況にあります。

　本書は、これまでの概念定義や設計時の留意事項などについて詳細に考察し、随所で著者の見解を紹介しながら、混迷しているUXについて、ロジカルに正しいと考える概念や内容を整理してその方法論などを解説しています。

　この分野に何らかの関係がありそうで気にはなっているけれど、実はよくわからないと感じている人たちに向けてUXという概念の論理的な位置づけを明瞭に示す内容となっています。